二手房装饰窍门

朱树初　编著

中国铁道出版社

2013年·北京

内 容 简 介

二手房装饰已是装饰装修行业遇到的新课题,本书基于作者多年装饰从业经验,特对二手房装饰窍门做了总结。本书对二手房装饰从二手房选购、装饰巧妙、装饰特色、装饰谋划、装饰技艺、装饰实情要点、装饰持新等几个方面详细叙述,以图文并茂的方式介绍给读者。

本书适用于装饰从业人员和业主学习参考。

图书在版编目(CIP)数据

二手房装饰窍门/朱树初编著. —北京:中国铁道
出版社,2013.3
  ISBN 978-7-113-15836-1

  Ⅰ. ①二… Ⅱ. ①朱… Ⅲ. ①住宅—室内装饰设计
Ⅳ. ①TU241

  中国版本图书馆 CIP 数据核字(2012)第 305539 号

书　　名:**二手房装饰窍门**
作　　者:朱树初

策划编辑:江新锡
责任编辑:冯海燕　张荣君　　**电话:**010-51873193
封面设计:崔丽芳
责任校对:焦桂荣
责任印制:郭向伟

出版发行:中国铁道出版社(100054,北京市西城区右安门西街8号)
网　　址:http://www.tdpress.com
印　　刷:三河市华丰印刷厂
版　　次:2013年3月第1版　2013年3月第1次印刷
开　　本:720 mm×1 000 mm　1/16　印张:12　字数:216千
书　　号:ISBN 978-7-113-15836-1
定　　价:29.00元

序

如何做好二手房屋装饰装修工作,这是装饰装修行业遇到的新课题,又是必须妥善解决和顺利实现的新命题,必须要引起广泛的重视。

从表面上看,二手房屋装饰装修似乎没有特别之处,只要能做好"一手"新房屋装饰装修,就不存在任何疑难问题。其实不然,两者之间虽然没有本质上的区别,却是有着明显差别。不要说二手旧老房屋从建筑结构到居室格局错综复杂,不好把握,就是同现代相类似建筑结构的二手次新房屋,从装饰装修谋划设计到组织施工技巧诸方面上,与"一手"新房屋都有着很多不一样。在过去的工作实践中,可明显地体会到二手房屋装饰装修特别费事,经常出现这样或那样意想不到的问题,甚至发生影响房屋结构安全的根本性隐患,让经历者心有余悸。从中国住房现状来看,二手房屋装饰装修不可回避,必须得做,而且一定要做好,是从事装饰从业人员必须履行的职责和义务。

作为一个新兴的行业,尽管还有许多不成熟和不足的方面,以及处于竞争激烈环境下的事实,谁要能在这个行业和领域中有作为,抢先占领制高点,就有可能获得工作的主动权。同时,只要善钻研和肯用功,做好二手房屋装饰装修工作不是件很难的事情。

在撰写的内容中,有相当部分是本人亲身经历以及同行们的工作经验总结,以助二手房屋装饰装修工作开展抛砖引玉,或者进行交流之用。期望装饰从业人员和业主共同努力,齐头并进,将这项事业推向快速进步的轨道,迅速发展为成熟行业。

由于初次撰写该类著作,受工作经验和专业知识的局限,难免存在差错,敬请同行和读者批评斧正,并在此向给予本书创作提供帮助的同行人士,表示衷心的谢意。

目 录

CONTENTS

第一章 二手房选购窍门

在住房购买和住房装饰进入市场化以来，二手房屋以其特有的"身份"崭露头角，越来越显示出重要地位。由于中国现有住房条件和经济状况，二手房屋购买和装饰装修，将会在相当长的一个时期内存在，并且日益被人们看重。由于其处在一个初始阶段，必然存在着不如人意的方面，因而需要灵性把握，才有可能实现好的状况，出现良性循环，朝着健康有序的方向发展。

第一节 二手房选购概念

所谓二手房屋，涵盖着次新房和旧老房，已在房地产交易中心经过登记备过案，有据可查，有着上市交易或者能够上市交易的条件，又再次进行上市交易的房产。这是相对于开发商手里的商品新房而言，是房地产产权交易的二级市场的一种通俗流行的称呼。它主要包括商品房、允许上市交易的二手公房（房改房）、解困房、拆迁房、经济适用房、自建房和限价房等。

其中，次新房是令人看好和最愿意购买的首选房屋。这一类房产的特征，主要是建筑的时间较短，一般是房屋建筑竣工后的房龄不超过 5 年时间的二手房或者空置房。次新房相对于普通二手房不但有着建筑时间不长，而且房屋结构一目了然，让人知根知底，对于做装饰装修和居住的人来说都是很放心。同时，作为二手房屋的次新房相对于新建商品房屋，一般是剩余下来的尾房和债权房等空置的房屋，也有的是入住时间不太长的新房屋，然后再上市进行交易的。这样的二手房屋体现出来的特征是，在物业管理上已经比较完善合理、秩序井然，房屋外面的环境和卫生条件比较好。并且在交易上是现成的房屋，可以现买现住，房屋质量经得起检验，有成果保证，其风险系数很小，在一般情况下，价格还低于同一位置的新建商品房屋的销售价，是比较理想的交易二手房屋。只是数量上不是很多，只占二手房屋交易总量的 1/3 左右。

另一种是旧老房屋，其占二手房屋交易的多数比重，其建筑竣工时间超过 5 年，有人居住了一段时间，有的还进行过装饰装修，比较次新房屋来，其优越性可能要少些，在进行再装饰装修和居住等方面，也许存在潜在的麻烦，房屋结构和建筑质量不能够一目了然，有着未知的因素。然而，二手房屋购买，无论是次新房屋,还是旧老房屋,其最大的特征就是现房交易。所谓现房,主要是指通过建筑竣工验收,可以交付使用,并能很快就获得房屋产权证的房屋。其体现出来的基本特征是,开发商已经完成了房屋的全部建筑工程和配套工程,使房屋具备正常的使用功能。其房屋建筑工程,不仅由开发商自身作了数量和质量的验收,而且也由专业部门作了质量和规划的竣工质量验收,环保环卫的验收,消防安全条件的验收,整个房屋内外取得了新建住宅交付使用的许可证,并且已到房地产管理部门进行了产权登记,获得了房屋产权证。对于这样的房屋交易比较让人放心,少了许多担忧和麻烦。相对于新建的商品房进行的第一次交易,第二次交易的房屋有着产权明晰,交易简单明快等特点。

针对于二手房屋的购买,除了善于把握好优势和特征的同时,就要充分地了解到二手房屋交易的更多方面。例如,二手房屋购买过程中的程序和基本要求,以便交易的顺利进行,以及购买房屋后对装饰装修和居住计划等。这样,对于交易后,能够充分地利用其有效资源得到非常好的发挥,显得价有所值,给予二手房屋购买会带来更多方便和实惠。

第二节　二手房选购要求

二手房屋购买比较"一手"房,即商品新房的购买,主要是针对现房交易,既有优势,也有弱势。这样,对于二手房屋购买者,就要有着自己的要求,不同于一般,应针对自身的需求做好准备,显得很有必要。

为使购买顺利和符合需求,有必要进行针对性的准备。毕竟"二手房"购买是"单个"行为,并且是一手交钱,一手交房,不存在"房贷"和太多欠费的状况,因此,要充分地利用优势,最大限度地避免弱势,把交易房屋工作做好。

所谓二手房屋购买优势,就是房屋内外环境,物业管理和人文条件,都是明明白白地摆在面前,而不存在预期、预见和预备性的,只要到实地察看、走访、询问和比较,就能够得到结果。如果自己没有把握,还可以请专业人员、亲朋好友等共同评判和确定的。至于说弱势,一是在于"单个"交易,存在势单力薄,把握困难,留下麻烦不好解决;二是对房产历史、使用问题不尽解透,给自身居住和使用存在不足或隐患。因此需要从这几个方面做工作。

首先要有个明确的目标,确定好购房标准。由于是现金和现房交易,不存在赊帐买卖,必须要量力而行。期望购买的二手房屋面积大小,新旧程度和地段环境等,都同房屋价格有着密切的联系。这与每一个业主的实际需求密切相关。例如,老年型业主要求购买的二手房屋只是为"短期内"居住;年轻型业主购买二手房屋是作"过渡"打算;中年型业主需要购买二手房屋是为长期定居等。因此必须根据自身不同情况做好打算和准备。购买二手房屋选择地段,最佳要求是方便自己和家庭人员上班、入园、上学、看医和购物等。如果都不是很明显有强项的,则要选择物业管理在哪个方面比较好,对于弥补地段不足的弱势。不过,这些外部条件、最好地段和出入方便都是依靠人来创造,不是容易先行存在的。例如,有的地段现在可能觉得很偏僻和交通困难,说不定在城乡建设发展中成为繁华区域和交通枢纽地段。

确定购房标准,主要是针对不同业主的家庭情况而言的。户型大小,楼层高低和朝向不同,都是要求在购买前必须明确的意向,不然,就有可能选不准,留下遗憾。从二手房屋交易上,主要是针对滞销房,这一类房型一般比较差和不理想,但地段还可以,被市场冷落的时间比较长,购买后必须要给予改造,才能够适应居住和使用。例如,将两套一室一厅的房屋,打通并稍加改造,就有可能获得两室一厅的使用效果。还有的是过了几十年的公房或者房改房,价格比较偏低,假若能将两套打通改造应用,面积不会小,可获得好的居住条件。像交通不方便和环境很一般的房屋,在房型上都有着优势,如果能作为清闲的居住地,就是一个很不错的购房目标。假若能带有发展眼光作观察分析,看得到城乡改造发展前锦,就要坚定不移地作求购这类房屋的决定,购买了便宜的次新或者旧老的二手房屋,省了许多不该花的钱,居住和使用起来觉得很合适,即使有一个时间段里出入不方便,还可以在经济条件允许的情况下,增添好的交通工具,完全可以改善出入方便问题。如果是清闲的老年型业主,就当是走路给予自己锻炼身体的机会。还有是针对清盘房一类的次新房购买,显然是最实惠的,比较购买商品新房屋要少上万元,甚至几万元的。不过,在楼层、房型和朝向诸方面存在着一定的局限,不需要作太多的计较了。

同样,对于二手房屋的购买,除了次新房屋之外,还有各不相同年代的旧老房屋。在准备购买的时候,要及时地对这一类房屋进行实地实际察看,分清楚其旧老成色和质量等级标准。根据国家相关部门颁布的《房屋完损等级评定标准》,按照房屋的建筑结构,装修标准和设备配置三大部分若干项目的现状,以其完好损坏程度将这一类二手房屋划分出五类标准即建筑结构、装修状态和设备配置等项目完好无损,完备齐全,管道畅通,现况良好,能正常使用,房屋为八成新以上的,属于完好房屋标准;建筑结构、装修状态和设备配置三大部分若干项目的基本完好,可以正常使用,却存在少量构件有轻微损坏,经一般性维修后即能恢复,不影响使用,房屋为六至七成新的,属于基本完好房屋标准;建筑结构、装修状态和设备配置三大部分若干项目,已发生一般性或局部性损坏变形,如漏雨、管道不通,油漆老化等,需要经过中修或局部大修,才能恢复使用功能,房屋为四至五成新的,属于一般损坏房屋;建筑结构、装修状态和设备配置三大部分若干项目,因年久使用和闲置没用,已出现明显变形或损坏,如严重漏雨,管道经常堵塞,设置陈旧残缺,需要进行大修或翻建后,才能恢复使用功能,房屋为三成新以下,属于严重损坏房屋;而建筑结构、装修状态和设备配置三大部分若干项目,已发生严重损坏变形,如承重构件出现严重裂缝,或倾斜丧失承荷能力,随时都有倒塌的可能,已不能正常使用,并且失去了修缮价值,必须进行拆除重建,房屋为一成新以下,则属于危险房屋。当然不能作为居住使用房屋进行交易买卖了。

其次要作广泛了解,明白房产行情。这对于二手房屋购买是很重要的。由于二手房屋购买价格不属于现成的规定,需要经过交易当事人双方;或者是通过房地产中介的商谈;或者是请律师帮助和协助商谈等方法来进行直接交易的。并且需要分别出地段环境、房屋结构、新旧状况、楼层高低、方位朝向、采光通风条件和面积大小等多个方面的因素,形成价格贵贱不相同,必须要进行广泛的调查了解和实地实际察看,对各方面的情况了解得越细致越好,知道得越多越有利,才有可能对二手房屋产权交易行情做到心知肚明,心中有数,有着几分的把握,在交易实施中不至于出现大的差错,或者留下不可原谅的遗憾。这是必须要求做到的,不可以回避的原则性事情。

对于二手房屋地段环境衡量,地段好坏标准确定,主要是依据交通状况好差和绿化风水好坏等情况作评判的,同城市中心越近,商业网点越多,热闹繁华,交通便利,绿化覆盖率高,或者临近江河水面很近,通风和采光都很好的,出入很方便,很适宜于居住健康生活的地段,其房屋价格会越高些。反之,会要低一些。这是硬性的指标。不过,作为居住者应当把环境状况放在重要地位。环境好的,对于房屋价位有着重要的影响。环境衡量标准有外部的、内部的和相邻的等。内部环境,主要是指小区规模,布局格调,绿化面积,楼幢距离,围墙高低,道路状况,停车区域和安全程度等;外部环境,主要是指交通道路、商业网点、幼儿园、学校、医院和人文条件等;而相邻的环境,则主要指是否居住区域,物业管理好坏,还是商业区、车站和码头要点区等,其不同的状况,对于房屋价格高低要求显然是有不尽相同的。必须作详细的访问调查,认真询问了解,掌握第一手的详细情况。切不可以道听途说,或者只作闻风不见雨的表面粗略了解,这显然不够和不行。

房屋结构好坏和房型的差别,对房屋购买价格,也占有着重要地位。现有的住房建筑结构,主要分为钢结构、钢筋混凝土结构、砖混结构、砌体结构、砖木结构和其他结构等。其结构不同,对于房屋价位显然是不相同的,必须要求了解清楚,不能够糊涂和一无所知。目前常见到的是钢筋混凝土结构、砖混结构和砌体结构。砌体结构,即采用砂浆和块体砌筑而成的房屋建筑,以墙体、钢筋混凝土楼板和屋顶作为主要承重结构。块体又分为砖、砌和石材等,通常称为砖混结构,房屋楼层在 6 层左右的普通住宅多为这一类型。一般在砖混结构中的卫生间和厨房地面多采用现浇板,而卧室和客厅等部位及屋面则多采用预预制空心板,预制空心板相比现浇板在防渗水和抗震方面要差些。而钢筋混凝土结构,即主要承重构件含梁、板、柱全部采用钢筋混凝土现场浇筑。此类结构主要用于高层房屋。目前,在 30 层左右的房屋多采用框架剪力墙结构。这一类房屋由于造价高于砖混结构的房屋,故其价位也高一些,还因为使用电梯,从而使得公摊面积和物业管理费用,也比一般性房屋使用要高。

房屋新旧、楼层不同、面积大小以及户型优劣,都是同房屋交易价格有着密切关系的。这些都要依据各个业主的不同实际情况作出确定后,需要进行实际调查了解,方能对交易顺畅有所帮助。同时,也要对交易行情要有透彻的了解,可通过各个房产中介、房地产管理部门对各类二手房屋买卖的冷热程度,都要求有调查和了解,做到明白清楚,心中有数。并且在交易过程中价格谈判要选择好时间,注重细节。因为在不同的时间段里和采用的方法,对交易价格是有影响的。一般第一次交易谈价不要安排在上午,会被对方容易抓住弱点,不利于交易成功和有利于自身,并且不要趁多人交易时,去做实质性的交易,这也不利于买方利益。只有当卖方心气低下时交谈,才有可能作出有利于买方的交易谈价。同时,还要结合对房屋新旧程度、结构优劣和物业管理好坏,以及家人的不同看法,既要表现出强烈的购买欲望和诚意,又要抓住其缺陷和不足来迫使卖方降低价格,达到自身满意要求和目的。

再次要学习房屋基本知识,明确交易步骤。二手房屋购买不同于"一手"商品房购买,有着其独特性和复杂性,必须要慎之又慎,只有懂得多一些房屋基本知识,才有可能使自身的交易得心应手,显得顺畅。学习基本知识,一方面是对各种房屋情况的基本常识要懂得点,除了前面说到的地段、环境、行情、物业管理和房屋结构以外,对房型及功能知识也是要懂得的。这不仅关系到生活起居方便,生理和心理健康,还涉及到公共卫生、邻里和睦,水电能耗和日常生活费用等。从房型上分有明室和暗室的区别。明室是指起居室、卧室、厨房、餐厅和书房等经常活动的空间,能直接采光的。反之,则需要采用电灯光来照明的为暗室格局。这样,不同的房型,对使用效果是大不一样的。同样,对于房间内布局是否适合自身生活习惯,有无合理性,功能齐全程度和通风效果,以及隔热保温是否到位等,懂得这一方面更多的知识,是很有利于买房方便和交谈价格。

更重要的是要学习和熟悉买卖二手房屋的步骤。从自身需要什么样的居住房屋,即对面积大小、楼层高低和房屋朝向等,到内外环境、道路交通、使用方便程度都是越清楚越好。自身购买房屋能力,资金多少是第一基本情况,再到选房、看房和定房。看房时,能够对房屋作出估价。估价可采用找中介、请专门评估人员,或者由懂得的熟人,或者由自自估出基本价位,让自己心里有底。估价要从地理位置和面积大小、地形地质、房形用途、交通环境、朝向、楼层、采光、通风和建筑质量,以及结构情况等作为基础条件。定金是在看好房屋,符合自身购买房屋要求后才可支付。最好是购买房屋的本人亲身签约和付定金,尽量不要请代理人。定金支付的签约上,应明确买卖双方违约的责任和义务。如买房人违约,定金是不能退还的;若卖房人违约,应双倍返还定金等。

接着,就要按照签约条款要求办理过户手续。首先要检查房屋的相关证件,确定可以办理过户手续的,并同卖方的权益人签订书面协议。在协议中写清房价、费用、付款方式、交房日期和违约责任等条款,然后,持所有证件去交易中心办理过户手续,完成所有交易程序。

如果是委托中介公司办理,则要分清责任界限。假若仅委托中介办理手续,买卖双方就得自己把好看房、定价、付款方式和交房时间等,并且双方自身承担全部责任。中介公司仅代办过户手续,收取代办过户手续费。假若是由中介公司中介,则买卖双方均委托中介公司买卖相关房屋。中介公司需要检查房屋的出售证件,评估物业价值,介绍看房,协助双方洽谈价格,负责合同的签订,房款的支付、过户手续的办理和监督房屋的移交等。中介公司收取中介咨询费、代办手续费和评估费等。此类做法,买卖双方是直接签订协议,双方各自承担自己的责任;假若是由中介公司包销,卖房人可以将房屋直接委托给中介公司包销,同中介公司签订包销协议,规定价格,付款方式和违约责任等。这样,中介公司就直接承担房屋买卖相关责任。买房人同中介公司以约定的条件直接购买此类包销房屋。在这样一种情况下,中介公司就是卖房直接责任人,买方应同中介公司签订房屋买卖协议。选用包销方式的买卖双方并不直接协商价格,而是各自同中介公司成交。此类方式,中介公司有一定的交易风险,并要自负盈亏和相关的责任。

最后是进行房屋的移交。移交最值得关注的事,对于卖方而言,不能按照规定时间搬走,水、电、气等费用未付清,设施未拆除,户口未迁出等情况;对于买方而言,主要是付款有问题,不能及时到位等情况。这一类问题都应当在房屋买卖协议中,预先写清楚,分清双方的责任和义务。就是说,对于购买房屋的协议条款,写得越细越好,越明确越有利于房屋交易的顺利进行,千万不可以口头约定,容易出现矛盾,影响房屋购买交易顺畅进行。

第三节　二手房选购窍门

二手房屋购买选择,主要是针对购买房屋选择式样,比较房屋购买要求更具体和具有实质性。在现有二手房屋购买形式上,普遍式样上有着板楼和塔楼式房屋;有低层、多层和高层房屋等。

一、板楼、塔楼

从以往出现的情况看,二手房屋购买普遍认为板楼好,而觉得塔楼缺陷多。

所谓板楼,即主要指朝向建筑长于次要朝向建筑长度 2 倍以上的建筑。板楼一般建筑层数不会超过 12 层。如图 1-1 所示。

图 1-1　板楼房屋式样

所谓塔楼,主要指长高比小于 1 的建筑,其楼房建筑的各朝向均为长边。塔楼一般指高屋建筑。如图 1-2 所示。

图 1-2　塔楼房屋式样

7

对于板楼和塔楼的二手房屋购买选择,其优劣性要以具体情况作分析。从实际中比较,二者各有优劣势。如果板楼房屋不是楼梯直接到户,而是要通过一条长长的走廊,其楼房式样的安全性、合理性、健康性、方便性都不是很好。假若是进深很长,面宽很窄的板楼房屋,其室内的采光和通风条件不是很好,呈暗室情况的可能性大。假若是有一个一梯少户(2~4户)的塔楼,其室内的采光和通风条件还是很好的,不差于楼梯直接到户的板楼房屋。

二、低层、多层和高层房屋

以层数高低来选择房屋,也是要根据业主自身的实际情况来确定为好。所谓低层房屋,是指高度低于或等于10 m的建筑物,一般为1~3层建筑房屋。如平房、别墅等。低层房屋一般建筑结构简单,施工期短,建造成本相对低廉,给人以亲切安宁、有天有地的感觉,其舒适性、方便性和空间尺寸高度要优于高层。同时低层房屋也存在着占地多,土地利用率低,特别是在寸土寸金的大、中城市里,这一类房源是很少的。如图1-3所示。

图1-3　低层房屋式样

所谓多层房屋,主要是指高于10 m,低于或等于24 m的建筑物。多层房屋一般为4~8层,大多采用砖混结构,少数采用钢筋混凝土结构。这一类房屋规格形状整齐,采光和通风状况好,空间紧凑而不闭塞。同高层房屋比较,多层房屋公用面积少,得房率较高。其楼型多属于板楼式样,被普遍看好的房屋样式。如图1-4所示。

所谓高层房屋,主要是指高于24 m的建筑房屋。8层以上(含8层)的建筑房屋,可分为小高层、高层和超高层。

一般将8层以上13屋以下的建筑房屋,称为"小高层"。小高层房屋基本上采用钢筋混凝土结构,并且使用电梯。这一类型房屋有房型好、结构强、耐用年限长、景观系数高、污染程度低等优点。由于其土地利用率有提高,土地成本相对有优势。

高层房屋一般指 15 层以上 24 层以下的建筑房屋。由于受建筑结构和房屋形状的局限,这一类房屋的采光和通风效果不都很好,这与房屋设计好坏和所居的方位有关。在城市中心区域有着其独有的优势,单位建筑面积土地成本相应降低。就是说的楼面地价会降低。高层房屋的建筑结构强度高,整体性强。由于建筑结构工艺比较复杂,材料性能要求高,对基础结构要求非常严格,施工难度大,建筑造价相应提高,并且由于电梯、楼道、机房和技术层等

图 1-4　多层板楼房屋式样

公用部位占用面积大,而使得房率面积相应降低,故而造成房屋价格偏高。这样的房屋,如今在城市建筑房屋中的商品房屋越来越多,而二手房屋购买的数量还不是太多,市场上有部分次新房屋的交易。如图 1-5 所示。

图 1-5　高层房屋式样

所谓超高层房屋,主要指超过 24 层的建筑房屋。超高层房屋楼面地价最低,其建筑成本却偏高。这一类房屋建筑给人以气派雄伟的感觉,可以满足业主对视野开阔、景观优美的愿望要求,且大多建在城市中心或者景观良好的地域,其房屋价格相对较高。这一类房屋建筑都为塔式楼房形式。

　　还有二手房屋选择的是楼房的座向,即朝向。从一般情况看,房屋朝向是座北朝南的比较好。主要体现在采光和通风条件要好于其他朝向。然而朝向也不是绝对的。如果南北朝向和东西朝向的差价太大,而房屋价位对业主个人关系极大,还是需要慎重考虑的,不妨认真反复地比较一下房屋的其它方面情况,做出综合性考察和考虑比较好。从采光和通风条件来看,主要在于房屋的面宽和进深,以及同房屋高度和外部条也密切相关。如果房屋的外部空间较广阔,其采光和通风条件要相对好一些,尤其是临近江河、海洋和湖泊的房屋,其采光和通风性会好一些。假若房屋层楼较矮,四周又有着高大建筑围绕,必然会造成采光和通风不好的问题。同时,噪声超过 70 分贝的地域房屋居住也不是好的环境。

　　从不少人进行二手房屋购买的经验得知,有着"三原则"和"三性"感受。"三原则",即适合的原则、不苛求原则和性价比原则。"三性",即安全性、舒适性和实用性。例如原则之一的适合原则,就是要求购买的房屋必须适合自己。根据二手房屋所具备的地段、价格、层高和房型、朝向,以及内外环境等,要做出实际性比较,从各种不同房屋的特性条件上,做出适合自身的原则条件,以列出若干条具体的要求来做比较适合自己的是更好的做法。比如,在市区内有一套二居室和郊区的一套三层室房屋,总价格相近,或者郊区的房屋价位还低一些,市区内的朝向好,户型普通,交通方便,而郊区的房屋正相反,户型好,朝向普通,交通也不怎么方便。按照这样一些不同情况和各个业主的实际需求进行实际选择了。假若是人口少,上班忙,需要有学校、医院和商业网点方便的,就适合选择购买的房屋是市区内的小户型;假若是家庭人口多,其他方面要求不是很高的,就可以选择购买郊区的三居室房屋了。

　　不苛求原则。因为每套二手房屋具备了完好条件的恐怕不太多。假若是硬性坚持苛求的条件,会容易陷入选择购买房屋的误区,或者错过选择购买的良好机会。例如,业主本人看上了一套位置不错、价位也很适合的二手房屋,一家人也没有意见。然而,在户型、朝向和交通条件等方面不怎么中意。仔细作出比较后,觉得是价有所值的,使用起来不存在什么问题,有的方面可以用装饰装修和后配饰的做法进行弥补,解决大部分的不适应条件。对于这一类房屋的选择购买,就不应当苛求,应当按照实际使用和居住的要求进行选择购买了。

　　选择购买二手房屋应用性价比的原则,同样是一种不错的选择购买的做法。在进行调查了解后,同时圈中了几套房子,将相同和各优势条件及不足之处,不好作出明显区别,拿不定主意,便可以应用这些房屋的性价比来作出决断。性价比是一个可以量化的指数,选购的业主可以从自身需求的几个方面,诸如地段、价位、环境、交通、物业和配套等,对照自己的实际情况,列出百分比来,然后,对各个项目分别进行分值评定。最后综合出分值高的房屋作出优先考虑。不过,这个性价比的量化,必须根据每一个业主自身的具体情况来做不同的量化性比,才是合适的。

同样,在选择购买二手房屋时,应用的"三性"也是非常重要的。像选择购买二手房屋的安全性是最重要的。安全对于每一位业主必须要摆在第一位。如果是选择购买底层房屋,既要考虑到出入方便,又要考虑到避免正面对着主干道和社会大门,避免尘埃、噪声袭扰和晚间汽车灯光的闪动,影响到人的身心健康。要询问清楚社区内是否有昼夜巡逻值班,底层门窗是否有防护设施,以此清晰房屋安全保障性条件。尤其是有老人和小孩的家庭,更要注意到安全设施齐全。例如,有无具备简单易行的预报和呼叫系统,设置通廊便于服务和交流,环境显得清静和清新,不可太潮杂,物业管理还必须具有各种应急措施等,很利于安全居住和使用的需求。不安全和安全条件不好的二手房屋,是不值得选择购买的。除非是拆除重新进行的新楼房建筑的情况外,必须把握好安全性这一关键。

二手房屋购买选择舒适性,也是得讲究的。除了讲到的居住环境外,主要是要讲房型,开门见亮,心情舒畅,起居室、客厅、餐厅和厨房等,尽量要讲究明亮,功能齐全,布局合理。检查这些情况,要到实地做认真细致的查看,打开门窗,实际了解房屋的日照、采光和通风的实际情况,核实使用效果。并且不时地查看房屋质量,查看天花板和墙面有无裂缝,管道周围是否渗水,房屋的附属设置是否完备,房间隔音效果等情况。不但晴天查看,有必要雨天也要查看,查看屋面有否渗水。既查看卧室、客厅、餐厅和书房,更要查看厨房、卫生间和阳台等,因为这些区域比较复杂,最容易出现麻烦,弄得业主居住和使用最不舒服的。同时,要注意查看房屋格局,室内格局力求方正,避免有尖异状和梁、柱穿过,会影响到居住使用的家具布置,要求行走的线路应合理,各居室最好具有独立性,少有穿行的通道干扰,主卧不能同客厅开门相见,应具有良好的私密性,让业主及其家人居住和使用感觉舒适和方便。如图1-6所示。

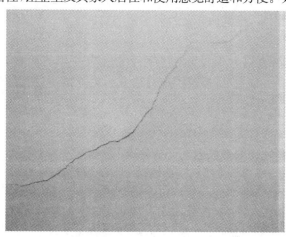

图1-6　查看二手房屋顶面有否裂缝

此外,实用性是二手房屋购买选择最关键的。对于室内条件,从客厅、卧室,到厨房、卫生间,都要做到有利于自身的使用方便。对于"明房"即采光和通风条件都有直接通向室外的窗户,要注意到户型的优劣,布局是否合理,有利用实用成效。如果是面对"暗房",即采用和通风条件欠佳的,则要注意到电路和照明的实用性。因为"暗房"有着无直接自然光射入的不足,显得幽暗的房间,需要人造灯饰光来照明。如果是电路经常出现跳闸和不稳定情况,对业主居住和使用就显得极不舒畅。对于这一类房屋的实用性无从谈起,就不是选择购买的房屋了。

第四节 二手房购买把握窍门

根据国家的房屋改革相关政策,按标准价格优惠办法购买的公有住房,按照成本价格或者标准价格购买的安居工程住房,集资合作建设住房;按照人民政府规定的指导价格购买的经济适用房;按照高于规定成本价格购买的安居工程房和集资合作建设住房,都是属于二手房屋买卖交易的范围内。

为了使二手房屋买卖交易双方的利益得到维护和保障,其买卖交易需要有一定的程序。这些程序必须由买卖双方签订买卖合同起始,再按照合同规定有序进行。不过,值得注意的是,购买二手房屋,必须先要了解清楚卖方是否有房屋产权证书和相关的权利以及要弄清楚卖方有无存在房产抵押情况。在社区里,卖方必须交清水电费、有线电视费、电话费和物业管理费等各种费用,不存在麻烦和说不清、道不明的纠纷。同时,需要了解清楚房屋的来龙去脉情况,有无私建存在不安全因素,准确面积是否同房屋产权证上一致,不应当存在着任何不相符合的情况。

二手房屋购买在进入正式交易程序后,就要从了解查验相关情况和资料入手,先行协商达成一致意见;接着要查看双方相关资料,包括买卖双方身份证原件、房屋产权证(共有证)原件,房屋产权转移登记申请表;而后才签订《房屋买卖合同》。

一、二手房屋转让合同范本

甲方(转让方)身份证:　　　　　居住地址:
　　　　　　电话:　　　　　　　邮证编码:
乙方(受让方)身份证:　　　　　居住地址:
　　　　　　电话:　　　　　　　邮证编码:

根据国家法律、法规和有关规定,甲、乙双方在平等、自愿、协商一致的基础

上,就下列房地产买卖达成如下协议:

第一条　买卖房地产情况

甲方拟将位于_____地域《房屋所有权证》标明的房地产(房屋平面图见附件一)转让给乙方。乙方对甲方拟转让的房屋地产作了解,愿意购买该房地产。

该房地产共同、自用土地使用权各_____平方米。土地使用权类型为房屋建筑面积为_____平方米,其中,(套内)整层内建筑面积为_____平方米,公共部位和公用房屋分摊建筑面积为_____平方米(以上面积均以《房地产权证》登记的面积为准)。该房地产甲方于_____年_____月_____日申请产权登记,领取的《房地产权证》证书号码为_____,房地产权共有(用)证号码为_____。

第二条　买卖房地产价格、付款方式

甲乙双方议定该房地交易总金额为_____元整(人民币)。乙方应于合同签订后_____天内支付定金_____元整(人民币)。

乙方于_____年_____月_____日前支付第一期房款_____元整(人民币)。

乙方于_____年_____月_____日前支付第二期房款_____元整(人民币)。

最后一期支付款_____元整(人民币)。在办理完转让手续,并在核发新的《房地产权证》时全部付清。已支付的定金将在最后一期付款时冲抵。付款方式:_____(现金、支票、汇款)。

第三条　登记过户手续办理

本合同签订三日内起三十日内,甲乙双方应携带有关资料到相关管理部门办理过户手续。

乙方支付最后一期购房款时,甲方应同时将办理过户后的《房地产权证》交付给乙方。

第四条　房地产交接

双方同意于_____年_____月_____日由甲方将该房地产交付给乙方使用。

第五条　权利保障约定

甲方保证上述房地产没有产权纠纷和财产纠纷,或者其它权利限制。若发生买卖前即已存在的任何纠纷或者权利保障的,一概由甲方处理,并承担相应的法律责任,由此给于乙方造成的经济损失的,由甲方负责赔偿。

第六条　违约责任

甲方决定中途不卖及逾期十五天仍未交付房地产时,作为甲方中途违约处理,本合同即告解除,甲方应在悔约之日起七日内,将所收定金及购房款退还给乙方,另外赔偿乙方_____元整(人民币)违约金。

乙方决定中途不买及逾期十五天仍未付清应缴购房款时,作为乙方悔约处理,本合同即告解除,乙方所交定金,甲方不予退回,已付购房款,甲方在七日内退还给乙方,另外赔偿甲方_____元整(人民币)的违约金,由甲方在乙方付房款中扣除。

第七条　税务承担

办理上述房地产所需缴纳的税费,由甲乙双方按规定各自负责。

第八条　合同争议的解决方法

本合同履行过程中如果发生争议,双方应及时协商解决,协商不成的,按照下述第_____种方式解决:

1. 提交仲裁委员会仲裁;
2. 依法向人民法院起诉。

第九条　合同未尽事宜处置及生效

本合同未尽事宜,双方可协商签订补充协议(附件二),补充协议与本合同具有同等法律效力。

第十条　本合同保存

本合同一式三份,甲、乙双方各持一份,当地房地产管理部门存一份。

甲方(盖章)　　　　　　　　　　乙方(盖章)

法定代表签字:　　　　　　　　　法定代表签字:

委托代理人签字:　　　　　　　　委托代理人签字:

签字地点:　　　　　　　　　　　签字地点:

_____年_____月_____日　　　　　　_____年_____月_____日

附件一:房屋平面图,同《房地产权证》记载一致(如图 1-7 所示)

附件二:合同补充协议(略)。

图 1-7　房屋平面图型式样

二、二手房屋税费

(1)契税。符合住房小区面积率在 1.0 以上(含 1.0)单套建筑面积在 140(含)平方米以下,(在 120 平方米基础上上浮 16.9%),实际交易价低于同级别土地上住房平均交易价格 1.2 倍等三个条件的,视为普通住房,征收房产成交价的 1.5% 契税。反之,则按照 3% 征收。

根据最新税法,买房人在第二次购买商品房且面积高于 144 平方米(不含 144 平方米)时,按照成交价的 3.0% 计税。

(2)印花税。买卖双方各缴纳房屋交易价款的 0.05%。

(3)营业税。购买时间在两年内的房屋,需要缴纳营业税为成交价格款×5%,两年后普通住房不征收营业税,高档住房征收买卖差价 5% 营业税。

(4)城建税。为营业税的 7%。

(5)教育费附加税:为营业税的 3%。

(6)个人所得税。

普通住房两年之内为[售房收入—购房的总额—(营业税+城建税+教育费附加税+印花税)]×20%;

两年以上（含）5 年以下的普通住房为（售房收入－购房总额－印花税）×20％；

出售公房 5 年以内为（售房收入－经济房价款－土地出让金－合理费用）×20％，其中经济房价款＝建筑面积×4 000 元/平方米，土地出让金＝1 560 元/平方米×1％建筑面积。

5 年以上普通住房免交。

值得注意的是，个人买卖住房的时候，应持经房地产管理部门审核后的《房屋买卖合同》到房地产地所在区域的地税局交纳各种税费。

纳税的时候，住房买卖双方必须提供购买房屋合同、发票、购房入户户籍证明等资料，以免出现差错。

第二章　二手房装饰巧妙窍门

由于二手房屋有着各不相同的情况,有次新房屋原型,有商品房屋装饰后居住出售的,有装饰过的旧老房屋和进行装饰的旧老房屋等,对于购买得到的这一类二手房屋,应当分别不同情况,作出装饰装修切合实际成效的各种要求,大不可实施"一锅端"或"一刀切"做法,采用灵活机动、随机应变和随行就市等方式,实现"就地取材""变废为宝"和针对地改装等效果,以达到重新居住舒适、美观和实用的目的,提高二手房屋使用的档次和品位。

第一节　二手房装饰目的

购买二手房屋,对于每一个业主的用意是不尽相同的,针对房屋装饰的要求也是不一样,对不同目的和要求,做出具体情况要具体对待的方式,采用巧妙做法,以实现业主各不相同的目的和需求,是二手房屋装饰首先引起重视和要做到的,切不可按照装饰从业人员主观臆断来做,会造成弄巧成拙后果,不但显得尴尬,而且易引起麻烦,那就得不偿失了。从以往的二手房屋装饰装修目的和要求上,主要体现在按照需要重割空间,促使功能条件完善,必让房屋面貌改变和给予老房价值提升等,以此充分体现出二手房屋装饰装修的成效。

一、按照需要,重割空间

重割空间是二手房屋装饰装修一个必然实现的目的和要求。其中,有着多种原因和重割做法。而主要原因是针对不同业主家庭人口、生活习惯、居住条件和使用要求,以及民族风俗、文化底蕴和欣赏品味等,需要对房屋空间进行"硬性"或"软性"的重新分割,以实现各个业主不同的要求和个性特色。

各类型的二手房屋重割空间的做法是不尽相同的。针对钢筋混凝土框架式结构,或者是整体空间结构,需要由装饰装修重新分割空间的房屋,是完全必要做"硬性"重新分割的,能够使重新分割的空间符合新业主及其家人居住和使用的要求。一般性地房屋空间分割和分布为生活区,活动区和休息区,以及储藏区等。这种空间分割和分布并不是一成不变,却因各个业主的用途和感觉不同,会经常地发生变化和区别。重新分割和分布空间区域及格局,一定要做到同业主的意愿相一致,实现分割空间合理得体的要求,使得二手房屋面积空间能得到充分利用,合情合理,让业主及其家人感到满意。

二手房屋装饰装修作重新分割,既可实行"硬性"分割方式,还可实施"软性"分割做法。所谓"硬性"分割,即以砖块或者砌块,应用水泥浆或者其他灰浆砌成墙面,将一个空荡荡的空间分隔成两个或者两个以上空间的做法。在房屋装饰装修中经常使用这种方式,实现分隔空间的目的。所谓"软性"分"割",则是采用隔断、吊顶、色彩和落差做法,以及使用不同的材料,加强各空间之间的分隔、交流和渗透,体现出各独立的不同风格,将房屋装饰提升到一个新档次和高品质上来,让业主感到旧老房的居住和使用有着"一手"房屋装饰的韵味。

例如,针对小户型二手房屋,其构造由于不允许随意打通,而使用空间拥挤、不方便,针对这样一种状况,就可采用空间隔断的做法,或者使用二层床和活动式家具方式,以此获得重割空间的目的。在框架式结构,整个户型内无承重墙的状况下,若有经济条件,可将相邻的两户小户型间留有的非承重墙的,及时地收购下来,打通隔墙两户合一使用,同样是不错的重新分割空间的方式,为扩大居住和使用二手房屋面积寻找到一条好出路。

作为"软性"分隔空间,在一般情况下,大多采用家具隔断,分有固定家具隔断和活动家具隔断的做法,既不占去过多的空间,又能依据业主自身要求使得有限的空间得到充分地利用。尤其是采用活动家具隔断的方法,还可以不断地变换居室内部式样,让居住者有着经常出新意的感觉,提升了装饰情趣。

同样,采用吊顶、落差和色彩色差等做法,也是属于"软性"分割的房屋装饰常用手段。却不能脱离二手房屋装饰装修的实际状况实施。比如,针对房屋空间高度尺寸超过 3 m 以上的,完全可以利用各种几何形状和图案色彩,做吊顶及落差装饰,必然使得整个居室空间呈现出活跃而不压抑的成效;假若房屋空间高度尺寸不超过 2.6 m 的,则不宜采用这一类做法,最后采用色彩分割做法,也能达到基本分"割"的成效。

至于遇到"明室"和"暗室"的重新分割,显然,也是根据不同情况作不相同手段。"明室"即指每一个房间都有通向室外的窗户,可直接进行自然的,采光,通风条件也是相当好的。这样的房屋居室空间重新分割,一定要充分地利用自然采光和通风好的优势进行,使其装饰装修成效更适合业主及其家人的使用要求。

"暗室"主要是指幽暗的房间,阴暗的房间。就是说自然采光和通风条件都不好的房屋居室。对于这一类居室的重新分割,就是要提高其光亮度,需要人造采光和通风的方式,不宜实施"硬性"分割,多采用"软性"分"割"为佳。人造采光也多实施白色、黄色等一类暖色光,实现采光好的要求,不可使用"冷色"光和采用"冷色"调材料做装饰,会给人一种不舒适、不实用和不适应的感觉。如图2-1所示。

图 2-1　按照要求重割空间

二、促使功能条件完善

二手房屋装饰,就是要显示出功能完善,显得更加实用和舒适,无论房屋面积大小,其使用功能都是大同小异,适宜于活动、就餐、休息、学习和洗漱等,方便业主及其家人活动和生活。其功能条件越齐全越优越,越有利于二手房屋功能的发挥。像房屋使用功能分有客厅、餐厅、卧室、书房和活动室等公共活动区及私密区,厨房、卫生间、阳台和储藏室等,则属于辅助功能区。这些功能对于业主及其家人是一样也少不了的。为使功能条件完善,在二手房屋装饰上,首先必须把握好主要功能,即公共活动区的装饰装修,除明确其功能分离和互不干扰的优势要求外,就要在次要功能上把握住要有特色,尽量地发挥出这些功能的最大能量。例如,在卧室、阳台和储藏方面,尽可能地做得合理和完整,使得这些区域有着良好的使用成效,并且还要有着独有风格和特征,让业主有着情趣和兴趣。

其实,对于二手房屋的装饰功能是一样也不能少的,必须一应俱全。仅以用电电器方面就有不少,像空调、冰箱、洗衣机、电视、电脑、电话和灯饰等,还有储藏物件、摆放家具和悬挂配饰,以及活动性功能,都需要显现出井井有紊,使用起来配置齐全、周到安全，令业主及其家人得心应手、实用便捷，心情舒畅。

对于二手房屋功能条件要求是很重要的，不可缺少。像厨房和卫生间在房屋使用上，虽然只占有辅助作用，其功能作用发挥得好与不好，对二手房屋装饰功能检验是很关键的。不仅要做到使用方便，不能发生问题，而且功能开发和用品配置齐全，不发生短缺，用得适宜，感觉舒适，还能营造出一种欣赏的情调，使得功能更显完善。尤其是厨房的使用率比较高，智能电器日益增多，必须要有适合的装备条件配置使用，不可以出现顾此失彼的状况，减少应用功能。同样，卫生间也有向着"双卫"和"多卫"使用功能发展，分出主人、家人和客人使用的各种洗漱及方便功能要求，为的是更适合现代居住和使用生活，提高业主及其家人的生活质量和家居品位创立日益好的条件。

促使功能条件完善，一方面是通过装饰装修将按照重新划分区域，妥善做好各功能区域安排，使得各功能条件越周密越全面和越实用越好，另一个方面是要体现出安排的居住和使用功能，既合理美观，又用得顺当，感觉符合业主及其家人的需求。例如，公共活动区域安排的起居室、餐厅和厨房须集合在一起，使用起来就显得合理和方便。既有着进门就到了公共活动区，有到家的感觉，又便于家人随意活动而不别扭。餐厅和厨房应当是相邻的，有利于就餐时，很顺利将烹饪好的菜肴和熟食等，从厨房送到餐厅，就餐后又很顺当地撤除餐具洗涮。同样，各居室的使用功能，也应当是将有联系和恰当的功能集合在一起，有利于居住环境的改善。像起居室，即客厅是家庭居室功能的核心部位，应当起到组织业主家庭生活的中心作用。其使用功能条件就要求有良好的采光和通风条件，视野宽阔，朝向适宜，布局合理，能起到房屋居室聚焦点成效。假若是先天条件不是很好，则需要经过装饰装修方式给予改善，力求达到最好的效果。

在通常情况下，卫生间同卧室能相近，做到业主和家人便溺方便。特别是有老人和小孩的业主家居中，更应当要注意到卫生间便溺和洗漱功能，有利于方便使用，以减少老人和小孩使用及夜间使用时出现的不便，甚至出现闹得整个家人有被吵醒的响声，或者容易发生不安全因素，这都属于功能条件不完善的问题，必须通过装饰装修方式给予解决，促进功能条件得到完善。让业主及其家人在完善的功能条件下，得到应有的享受居住环境。

从二手房屋普遍情况下，其功能条件都或多或少有些不足，需要应用装饰装修手段给予完善，已在实践中得到充分证明。只要将这一手段应用得当，巧妙把握，是完全可以实现功能条件完善目标的。如图2-2所示。

图 2-2 促使功能条件改善

三、让房屋面貌改变

二手房屋装饰大多是针对年久未修和使用过旧的情况,需要运用装饰装修手段来改变其面貌,致使旧貌换新颜,从而实现环保健康、舒服实用和美观漂亮的居室目标。

从现行的装饰装修选用的材料,已越来越适应环保健康和美观漂亮,以及改变面貌潮流的要求。从一般情况下,房屋居住超过 10 年以上,或者是次新房屋,大多需要进行重新装饰和进行新装饰,以此改变原有陈旧的装饰和粗糙的房屋内部面貌。按理说,购买的二手房屋,如果不是提升居住品位,提高生活质量,改善家居环境,即使不做装饰,也是完全可以居住的,只是显得家居环境差,居住品位低,生活无质量,使用不方便,还存在视觉不舒服,感觉无情趣心理反应。旧老房屋和次新房屋只有经过装饰装修,才有可能改变面貌,获得良好的居室效果。

针对二手房屋,无论是旧老房屋的再装饰,还是次新房屋的新装饰,都需要理智和保持良好心态,既要注意到装饰美观漂亮,又要注意到环保健康。现行装饰比较流行的风格有现代式、古典式、简欧式、自然式、和式与综合式等,做得好的,不论是哪一种装饰风格,都能给人耳目一新的感觉。由于每个业主个性、情趣和喜爱的各异,以及思想和文化素养的差异,其所看重的装饰风格是不可能一致的。俗话说:萝卜白菜,各有所爱。只要是自己所喜欢的,就是最好的。把握住这样一种思维和心态,对于做得好的和自己钟情的装饰风格,就是最美观漂亮的。尤其是经过装饰装修的居室,出现空间利用合理合情,视觉上感到整洁舒适,色彩上应用深动协调,既有主色调确立亮点部位,又有色彩上的变化,形成独特而有个性,能清晰和准确地反应出冷暖、闹静和活鲜等成效,必然会给予业主及其家人一种兴奋、兴趣和兴致的效果,从而使得房屋面貌变化得到业主的欣赏和喜爱,装饰作用也就自然而然地体现出来,并产生出无穷的魅力。

如果业主有着生态家居的思维和智能生活的理念,就会更能让装饰装修的二手房屋发生奇迹性变化。所谓生态家居,主要是选择无毒,无害和隔音降噪、无污染的绿色建筑装饰材料,注意自然采光和通风,减少人为通风和人工用光,给人一种自然性舒服明快的感觉。同时,在室外的环境也是以绿化覆盖率高为主,充分展现出生态环保功能,尽量地反映出自然风味和协调的人文景观,给业主及其家人带来一个利于修心养身和环保健康的家居环境。

所谓智能生活,就是采用智能集中控制,无线遥控,场景控制,背景音乐控制,智能开关,智能插座和智能安防等,对家居用电和所有设置进行随心所欲、有条不紊和安全保障的控制,给予家居生活会造成巨大的变化。其具体表现在,一个遥控器控制着多种电器和灯光;通过电话或者网络远程控制家中的电器和灯光;使用电子设置监督控制房屋内的安全状态,设置紧急按钮,当房屋内出现异常状况,能给业主及其家人发出警报。这样的智能装置,既可给解除鸟笼式防盗网对人的不舒服感,实现人与自然的直接体验,又可提高家居安全水平,以减少家庭财产损失的风险,给人带来诸多的轻松感。

实现房屋面貌变化,除了给予房屋内生态性和智能性条件外,还得从装饰装修上,给予居室外形有诸多改变,从色彩上实施适当调节,严格按照各种装饰风格要求和业主的意愿,做有的放矢的配置和完善,并能做创造性的更新变化,致使房屋空间布局更具合理适用,色彩调试更显人性需求,层次装饰更有风格特色,区域安排更是业主喜爱,给予居室使用条件已很完善,呈现给业主及其家人的新居面貌今非昔比,不再是购买时脏乱和粗糙景况,完全是现代人梦寐以求的高档次、高品位和高质量的居住环境和家居生活条件。如图 2-3 所示。

图 2-3 二手房屋面貌发生变化

四、提升老房价值

二手房屋装饰装修,不但能完善房屋使用功能和让房屋面貌发生变化,而且还能提升房屋价值。从以往的经验得知,房屋增值与地段交通、外部环境、小区人文背景、配套设置、物业管理、房产质量、经济周期和装饰效果等密切关系。

俗话说:人是三分长像,七分打扮。二手房装饰装修也是同样道理,把本不起眼的二手房屋旧貌变新颜,既是改变了房屋面貌,更是改变了业主及其家人的心里感觉,不再是"旧"的感受,而是一种完完全全的新的感受,显然有利于二手房屋的保值和增值了。

给予二手房屋价值提升,一方面体现的是经济价值提升。经济价值的提升,同装饰装修投入经济款项是不完全成正比例,主要与装饰效果密切相联。就是说,房屋增长价值不同装饰装修投入的款项多少成正反比例升降,却同装饰档次、品位、质量等成正反比例升降。另一方面体现的是社会价值提升。这种价值有时比较经济价值提升显得更重要。二手房屋装饰装修体现出来的社会价值,在这里有两个层面的意思,一是从房屋本身层面上,反映出是房屋居室面貌得到改变,居住环境得到改善,使用成效得到改进,安全性能得到改良,房屋品位得到改观。二是给予装饰行业带来了好影响、好声誉和成效。由于装饰装修行业兴盛的时间不长,大多数业主只感觉到这一行业对"一手"商品房屋,造成价值、品质、品位的提升,还很少会认为给予二手房屋带来的优势。现实情况中,旧老房屋和次新房屋居室面貌翻天覆地的变化对业主的触动,要比千言万语宣传更有效果。好的二手房屋装饰成果,给予装饰从业人员带来的社会价值,是无法用经济价值来衡量的。如图 2-4 所示。

图 2-4　二手房屋随装饰档次升值

第二节　二手房装饰理念

二手房屋装饰装修方法,有着自身的独立特征。从某个角度比较"一手"商品房屋的装饰工程,要繁琐和麻烦得多,特别是针对旧老房屋和做过装饰的,更有不少情况值得注意,得应用有效经验来做,会更顺利和更见成效一些。不可不问情由,不管实况,不论对象等,仅凭主观想象,任意而为,是做不出最佳装饰成效的,须以因人而异、因用而异、因需而异和因情而异的理念做装饰装修工程。

一、因人而异做装饰

从表面上看,二手房屋装饰装修工程同"一手"商品房屋做法一样。其实不然,还是有不少区别的。首先要因人而异做装饰,针对不同业主的性格、爱好和年龄,以及工作性质等多方面的实际状况,是做好二手房屋装饰装修工程很重要的条件。比较"一手"商品房屋装饰更显得突出。由于二手房屋购买者,大多比较讲究实用、实惠和实际,对房屋装饰装修也有着同样的迫切愿望。所以,必须根据这一特性,做到有的放矢,反映个性,突出特征,对准业主,抓住要领,容易见成效。

所谓有的放矢,主要是针对不同业主的年龄、情趣、爱好、习惯、素质和职业等实际情况,正确地选用装饰方案,不可凭空想象,随心所欲,不按实情,不做选择的设计是不行的。例如,针对年轻型业主,先要了解清楚其购买二手房屋的用途,针对业主购买二手房屋是出于手头经济不很宽裕,只作过渡性的。其做房屋装饰是为权宜之计,看重的是实惠和实用。对于这样一类业主,主要应围绕其意图做实用性成效装饰,既要使工程做出实用和方便特征,又要给予其反映个性特色来,也不忘从美观上下些功夫,一定会让年轻业主满意的。

如果是针对老年型业主,其购买二手房屋主要看重是安全和方便,给予其做装饰装修会同样有着这一企盼,就要有的放矢地把准这个基本条件,依据老年型业主年龄日见偏老,身体衰退,行动不很利索等实际情况,以适合老年型业主的行动安全和方便为重点,注意采光和灯光条件,确保室内光线充足,照明通亮假若是一层和顶层楼房居室,还要做好防潮和防水处理,底层做架空层装饰,有利于防潮防滑;顶层做好隔潮层,有利于雨水过多后,会影响到室内的湿气过重,不适宜于老年人居住。做好防备,提高宜居生活条件,都是充分利用因人而异,做有针对性装饰基本的要求。

同样,按照因人而异方法做装饰,要针对个性特征,体现业主情趣和爱好,是值得遵循的重要做法。所谓个性特征,即指个人特有的能力、气质、兴趣和性格等心理特性的总和,是在一定社会实践中逐步形成和发展起来的。对于这一特性必然会反映到二手房屋的装饰上来,就有必要注意依据业主的个性特征,按照"我使用,我喜爱","我的住宅装饰我主宰"和"实用性第一,功能化至上"等心理要求,会明显地展现出来。所以,作为装饰从业人员,就要很好地把住关口,不可以人云亦云,必须充分地体现出业主的个性特征,做到因人而异把装饰装修工程完成好。特别是针对有要求的业主,更是要注重针对其个性特征做出特色装饰效果来。不然,就有可能出现争执和矛盾,不利于装饰工程顺利有序的进行。例如,针对"打卡一族"和"不打卡一族"的不同身份,则必须依据其职业特征、家庭结构、年龄层次、精神状态和个人素质等不一样情况,能通过有效沟通和深入了解,抓住其个性特征,分别不同性格和爱好做出有针对性很强特色装饰,反映出来的成效一定会让业主更加喜欢和满意。

因人而异做二手房屋装饰装修,从表面上看,是针对不同业主,按照其个性特征要求,做出很有特色的装饰成果。而实质上,却是很大程度上又是针对装饰从业人员自身的,经过给业主做有个性特征的装饰,明确检验从业者的文化涵养、艺能高低和个人素质。因为,没有良好的文化涵养,是不可能全面了解清楚不同业主,准确抓住其个性特征的;没有高超艺术水平和技能基础,是不可能将不同业主的装饰意图,运用艺术实体巧妙地展现出来的;没有过硬的个人素质,不容易将不同业主的愿望做得满意,反而会经常出现争论不休的矛盾,致使装饰修装工程难以实现目标。作为从事二手房屋装饰装修这一职业者,都值得深思,如何从深层次上妥善地解决好自身问题,才有可能为做出有个性和有特色的装饰装修成果,打下坚实的基础。如图2-5所示。

图 2-5 做出体现个性特征的装饰

二、因用而异做装饰

对于二手房屋的用途,无非有两个,一个是用来业主居住使用的,另一个则用来市场交易的。具体到房屋内的各居室,则分别有着不同的用途。由此,无论是针对整个房屋,还是针对房屋内的居室的装饰装修,就有着因用而异做装饰的要求。作为业主和装饰从业人员对此都要有个清醒的认识,不要给予混淆,以防出差错。针对这种装饰,主要反映在巧用空间,布局适宜和实用方便等,充分展示好的装饰成效。

所谓巧用空间,即是使有限的房屋空间,能得到合理适宜和巧妙地给利用起来,做到"空"尽其用,"空"能多用,"空"起变化的成效,同通常把居室空间简单地分割,或者划分清楚,再把各种装饰材料安装上去的做法,有着本质区别的。虽然说,二手房屋大多是做过空间分割和划分的。由于各业主对房屋用途的不相同,新业主需要将原分割和划分的使用空间,作重新分配;或者对原空间的使用功能作不一样的应用。这样,就有着巧割和巧用居室空间的要求,使得重新划分的居室空间再装饰后,更适合新业主居住使用目的,更具有现代人居室装饰特色,居室结构更安全,布局更合理,外观更靓丽,品位更提升,更利于新业主及其家人居住和使用,或者有着使小居室空间"变大"成就感,还能充分体现出新的装饰手段,利用切断、剪裁、高差和凹凸等做法,分割和划分居室空间的优势,展现出采用"软"分割做法,灵活运用家具摆设变化,布艺调节空间,色彩区别区域等,促使空间得到巧妙利用,还没有影响居室采光和通风效果,让业主感到无比的惬意的优越感,会使居室空间得到更大作用的发挥。

巧用空间,应当善于将"硬"分割和"软"划分两种手段有机地结合应用,而不是机械地呆板运用,善于分别不同情况,不同居室,不同用途该应用"硬"分割做法的,要果敢地做"硬"分割,不宜和不便做"硬"分割的,则毫不犹豫实行"软"划分,致使二手房屋更具备独有特色。例如,居室空间太小,又处背光地段,采光条件本来不好,显然不适宜于"硬"分割做法,即使应用"软"分割的物件,如家具隔断,吊物隔断和屏风隔断等,也不适宜,就采用色彩划分的做法,使空间得有效分别,还不影响采光和通风,提高装饰成效。

应用"软"分割中色彩搭配做法,还可以给予巧用空间带来更多的方便。假若居室采光很差,就以浅色彩来加强室内视觉效果;或者需要居室内出现动感成效,便采用多种色彩搭配就能实现。不过,应用色彩调节居室空间氛围,必须按照业主对色彩感觉和兴趣进行,才能做出准确而让业主认同的多种多样的巧用惊喜来。

因用而异做装饰,要使居室使用方便和感到有实际效果,给予布局适宜就显得很重要。布局适宜利于实用方便,这就要求从整体装饰布局到每间居室布局都要做到这个样。整体布局适宜,除了很清楚地将"动"和"静",公共和私秘,以及行和居的空间布局做到合理适宜和实用方便外,更要根据业主的实际要求和客观情况,有机地结合和灵活应用,并能做出创意来,才会有好的结果。而具体到每间居室内部布局适宜和实用,是要分别出不同作用,不同情况和不同要求来做的。例如,针对餐厅和厨房的装饰和布局,既要显现让两间居室配合使用要很方便和感觉舒适,又要显示餐厅内布局很适合就餐轻松和方便的条件。厨房内布局也显得符合选菜、洗菜、烹饪、端盘、收洗和存放等操作要求、从布局到装饰成效上,做到和谐统一,方便实用,风格适宜。同时,使厨房和餐厅使用安全,有章有序,视觉舒适,还能体现美观和独有特色。

至于因用而异做装饰,体现出来的"用",就是要有实用效果。从整体上感觉到,各居室装饰布局和巧用空间不能出现矛盾,适宜于业主使用要求。具体到各居室装饰成效要实用,则要针对不同结构、方位和用途做出正确把握,并且根据不同的人文背景,环境现状和业主意愿做出有利的选择,让业主感觉到舒适,用得顺手,使用方便。例如,根据现代人生活质量和数量的提高,在做装饰家具时,最好能够分别出不同季节用物,不同人员用物和不同习惯用物等情况,做到有针对性的装饰布局和安排,一定会达到实用的目的。像储藏衣物和被褥,就可以按照业主和家人的不同情况,做出不一样的家具式样,以达到实用要求。如图 2-6 所示。

图 2-6　因用而异做出实用装饰

三、因需而异做装饰

因需而异做装饰,故名思义,按照需要的不同做装饰,这显然是二手房屋业主的重要愿望。由于二手房屋大多数是旧老房屋和滞销的次新房屋,从房屋构造到内部设施都不能适合于现代人居住使用要求,必须在做好装饰装修后,才可达到住得舒服,使用方便的标准。在现实中,对于房屋居住和使用条件,需要是不尽相同的,主要体现在对象不同,要求不同,条件和情况不同,有必要针对实际需要做出业主满意的装饰成效。

对象不同,主要说的是业主性别、年龄、民族、习惯和情趣等不同,从而带来了对房屋居住使用需要条件的不同。虽然都是购买的二手房屋,却有大有小,有新有旧和有高有低等不同情况。也有业主家庭人口不一样等多种区别,造成了对二手房屋装饰装修要求上的差别。例如,一个多人口的业主家庭,购买的二手房屋面积并不大,其装饰装修需要的是先满足睡觉休息和就餐消费等最起码的实际需求,其装饰装修重点必须放在这些基本使用功能上;或者还要以“扩大”面积和调节功能的装饰装修做法,实现自己的目的。另外,一个少人口的业主家庭,购买的二手房屋面积大,除了满足业主及其家人的公共活动区和私秘睡觉区的使用功能外,还有居室用做书房、电脑室和活动室等,其要求的装饰装修是全方位的,并将居位和使用功能布局安排得很全面及很详细,同时,按照各居室的不同使用功能做有针对性的造型,涂饰和配饰,充分显示出因需而异做装饰的愿望的落实。

因需而异做装饰,还充分体现在由于业主个性、情趣、民族、文化和素质等不同,对于二手房屋装饰装修需要和感觉也会不同,有着很大区别的。个性、情趣和文化底蕴的不相同,就有着对于装饰风格的多种选择爱好,有看重现代式装饰风格的,有钟情于古典式装饰风格的,有青睐于简欧式装饰风格的,还有喜欢自然田园式装饰风格的等。针对不同的装饰风格,装饰从业人员从谋划、设计到选材用材和组织施工,并且到运用工序和工艺都是不相同的,特别是有的业主喜欢独有特色的装饰成果,虽然选择的是通常流行的一种装饰风格,却要求有创意、用意和新意。针对这样的需求,作为装饰从业人员就不能按照现成的模式,照葫芦画瓢和照搬照做,是得不到业主认同的。必须需要动一番头脑,费一番神情,用一番心思,作出大胆而又合符风格要求的创新,将原有风格做出新视觉,新韵味和新感觉来,才能达到业主的满意要求。

同样,针对业主条件和情况不同,对于二手房屋装饰装修的需要也是大相径庭的。作为装饰从业人员,则必须按照这些条件和情况不同的业主要求,做出有针对性、目的性和实用性很强烈的装饰成果来。例如,针对有的高级知识分子和普通居民这样差异很大的业主,给予他们的二手房屋装饰装修的需要是大不同的。高级知识分子,由于其职业原因要求房屋装饰的条件,也许会将重点放在满足藏书、读书和办公的居室中,并将最大面积的居室作为其读书、办公和休息之用,没有客厅这样的公共活动区,而把会客、交谈和睡觉休息等使用功能一并合在其书房内。这样,其装饰装修的重点需要,就在这间居室内。作为普通居民的装饰装修需要,显然会不同于高级知识分子的,其装饰重点必然会放在客厅内,做出的装饰装修风格也就会大不一样了。

面对因需而异做装饰的情况是千差万别的,需要也是多种多样。作为装饰从业人员应当冷静对待,热情把握,尽自身专业所能,耐心地处理好各种所需,既要做出不同风格和特色装饰满足业主期盼,又要不断创新,提高自己,适应新需要,并以此来促进行业的蓬勃发展。

其实,因需而异做装饰是把"双刃剑",要想满足广大业主的需求,则必须发展自身。尤其是作为装饰从业人员需要有着丰富的工作经验和广博的专业能力,以及高超的技能水平,才能够做到胸有成竹,艺高胆大,遇情胆荡,很有把握地实现业主的各种需求。同时,对于装饰行业和企业要加强管理,提升职业水平,能为适应新潮流、新时尚、新情况和新需求,做出新准备,奠定好基础。如图 2-7 所示。

图 2-7 按需要做标准化装饰

四、因情而异做装饰

根据不同情况,采用不一样的装饰方法,是二手房屋装饰特别需要采用的。由于二手房屋情况千差万别且多变,用途各异,既要注重经济实惠和少浪费,又要达到环保健康和现代生活需求,就要因情而异做装饰,显得很有必要。主要体现在不必"一锅端",注重安全为重和做好细节处理等,确保二手房屋装饰特征体现。

所谓不必"一锅端",就是要求对购买的二手房屋是经过精致装饰,仍有八成新以上的,不必要采用"全拆全砸"推倒重做的方法,很有必要采用"保留填补"的做法。例如,对比较时尚和实用的吊顶和地板,只要做清洁处理,不足补充和色彩调整便可以再使用了。如果有不合理、不合适和不合情的装饰部分进行改装,可以采用"变废为宝",或者"就地取材",或者"重点改变"等方式,完全能达到使用目的。应当坚持这一做法,而不必大动干戈,劳时伤财,费心费力。

同时,针对有些旧老房屋面积小,户型不理想,功能布局不合理,采光比较差等多样弊端,则要从保障装饰安全,不损坏结构,不留危害隐患为首选要求,合理地做出符合业主使用和居住要求的新布局,切不可乱砸乱改房屋结构,尤其是针对房屋结构为砖混结构和承重墙体,千万不能凭个人兴趣做改变,必须保证其承重和抗震构件的安全性,确保装饰装修和居住使用不出事故。

对于二手房屋装饰装修要求,比较新房屋更注重实用和安全第一,美观和舒适第二的原则。针对各不同类型的房屋结构、业主使用方便、实用舒适和环保健康的需求,一定要根据实际情况,有针对性和灵活性的做出谋划,不可以一味地凭主观臆想做装饰,却要因情而异,对需要改装饰的则毫不含糊,坚决果断,决不马虎,给予业主及其家人居住和使用创造个好条件。

面对不必要"一锅端",而又要重做装饰部分,或者完善的部位,要根据不同情况做出有效处理,以获得最佳成效。例如,针对做过房屋装饰又保留得比较好,但其使用的材料和装饰风格明显过时,不适宜现代生活使用要求,则一定给予必要的改变,以达到新业主居住使用标准。特别是针对墙面和顶面是沙灰粉饰的基层,必须要铲除掉,重新应用水泥浆粉饰底面做装饰基层,不然会在做装饰仿瓷层和涂饰面层后,会发生起泡、起壳和掉落等异常情况。同样,按照现代生活需求,电器应用日见广泛和增多的状况,且智能型增强,需要电线承受电负荷比较高,要求电负荷稳定,尤其是客厅、餐厅和厨房使用电器比较多,需要有专用线路和专用插座,以及专用开关控制,必须对这些线路和水路做重点布局和安装,严格按照国家相关部门颁布的标准和环保健康要求选用材料做装配,以确保使用质量要求。

针对二手房屋原来的木门窗,或者铁门窗,造成的诸多不方便,有必要做新装饰时,则要有序进行更换,选用现时代的塑钢和铝合金型材门窗,就比较符合安全、方便和实用的要求。

如果前装饰装修地面镶铺是实木地板,又比较时新,就要依据具体情况做出更换和不更换的决定。如果是太过陈旧和破损严重,便要决定做更换,拆除破旧重新镶铺地板;假若是不决定更换,则要修补严重损坏的地板,稳固好松动的。接着对整个镶铺的木地板做新的涂饰是很有必要的。从批刮腻子,打磨光滑,处理好基层,重新涂刷新漆和上蜡及抛光,将木地板恢复如新的使用功能。这样做的目的,完全是保障使用效果,还可以节约费用。

值得注意的是,对于二手房屋的装饰,最重要的是要做好地面防水和墙面的防潮处理,以及用电的保护。由于是年久时长的装饰原故,难免振动影响,致使用水多的地面发生变化,有必要做防水处理,并经过 24 小时的试验,确保不会发生渗漏问题,以防在使用中造成不必要的麻烦。

而对于电话线、网线和视频线等弱电设施,在二手房屋做装饰时,应当注意先要保护好入户线头和插座面板,最好是提前做好封闭性保护。改动管线必须从入户接口线盒里开始进行,千万不可以切断入户线路,不然,会造成许多意想不到的问题,且恢复起来也很不容易,甚至给装饰造成返工、费材和费钱的状况。居室内弱电线路重新安装成后,必须要专业人员实地检查验收,以达到使用要求才可以。如图 2-8 所示。

（a）吊顶测评 　　　　　　　　　　　（b）房门测对角线

图 2-8　根据实情做标准装饰

第三节　二手房装饰成效

二手房屋装饰成效体现,主要是让业主认可和满意。同时,也要使装饰从业人员自身感到有成就为标准。其实,二手房屋装饰成效比较"一手"商品房屋装饰还难把握,既无法比较,却有着企盼,情况错综复杂,给成效实现造成诸多困难。不过,装饰还是要见成效的。在保障装饰安全和健康环保的基础上主要体现给人耳目一新,用途得到改变,标准明显提升和达到使用成效等,就是一个很不错的装饰工程,值得欣慰,便可以说是见成效的。

一、居室呈现耳目一新

居室呈现耳目一新景象,似乎对于装饰装修的二手房屋是理所当然的结果。在现实中不一定完全是这样,究其原因在于特点不突出,没有靓丽点,选材不准确,色彩很平淡,整个装饰给人视觉上的感觉是,外观不出新,起色很一般,显得太淡化,让人无情趣。这样的状态能经常见到。出现这样一类装饰工程的"怪象",就在于不能从实际情况出发,生搬硬套装饰风格,没有创新和变化,造成不适用,发生不适宜,反映不成功,必须要避免的。

针对二手房屋装饰,本应需要按照实际情况确定特色,却想当然,凭主观武断,或者是缺乏经验和没有认真推敲,仅以书本上的简单常识作谋划设计,必然要出差错的。例如,本来就是采光不好的二手房屋,又很陈旧老化,需要采用暖色调来改变居室面貌,却偏偏选中现代式装饰风格中,黑、灰、蓝等"冷色"为主色调,且色彩还采用多种类,显得很"冰冷"和杂乱,给人视觉上一个很混乱和不寒而栗的感觉;还有房屋起居室的面积不大,空间也不高,又在中央顶部安装一盏大型的古铜色外形吊灯,虽花费了高价钱,却同装饰风格很不协调,让人有一种说不出的"反胃"感来。同样,有的二手房屋装饰,为做到靓丽美观成效,在客厅用材上显得特别耀眼过了头,则对厨房和卫生间的装饰采用应付式做法,同客厅装饰形成极大的反差,给人感觉很不舒服,有着既不经看,又不实用的评判,难以呈现耳目一新印象。

要想二手房屋装饰能呈现耳目一新的成效,就必须要有着独有风格和个性特色。应当打破以往固有的"四白落地""素面朝天"的传统做法,大胆选用业主及其家人喜欢的色彩,表现自己的个性、情感和兴趣,色彩却不宜太多太杂,装饰色彩不超过"三种色",同后配饰和家具及布艺色彩,最好不要超过"五种色"。主色调需要呈鲜明性和靓丽性,必然能给装饰的房屋居室带来耳目一新的视觉效果。况且,色彩是最廉价的装饰材,既能体现良好的装饰成效,又能降低装饰成本,显得经济实惠。

二手房屋装饰要呈现独有风格和个性特色,并不在于显"富"即用材过于华丽,用色过于鲜艳,这样,不但不能给人耳目一新的感觉,还会给人华而不实,造成凌乱的印象。装饰从选择风格,到做成个性特色,不需要虚假奢侈,倒需要显得清新、协调、美观和实用,凸现业主个人情趣,呈现业主文化品位,展现业主个人风采令业主及其家人非常喜欢和欣赏,就是显示对路和正确的装饰独有风格和个性特色。

从以往的二手房屋装饰经验体会到,要使装饰成效能适合现代气息和现代人欣赏的要求,主要是要显得精致简练,选材正确,色彩协调和谐,有亮点部位吸人眼球,布局不能够过于"拥挤",各个居室内除了桌、椅、柜和床等必备的家具外,尽量使用活动、折叠和多用组合式家具,以相应减少居室中家具的件数,占去过多的空间区域,以利扩大可自由活动的空间。对于不起眼的居室角落和不方便活动的地方,倒可以充分地利用起来,造成既方便使用,又有点缀精炼的视觉成效。假若是善于将那些不成套的家具利用起来,就尽量地在装饰装修中做出巧妙安排,统一于一个区域内,形成整齐摆放和涂饰上同一种颜色,或者粘贴上同一种醒目的装饰面板,与新装饰风格色彩相一致,必然会给人耳目一新的。还有能在装饰后配饰上,巧妙地利用一些艺术品补充装饰凸显部位,也一定会给亮点增辉不少的。例如,在适当的墙面上挂上业主特别喜欢的山水花鸟画;或者在书柜内和顶面上,摆放一尊座雕之类的精美立体型品;或者在书桌上摆放一盆文竹类花卉等,就有可能给予业主及其家人和观赏者的视觉豁然开朗的感觉。

二、房屋用途得到改变

装饰装修二手房屋的用途,对于业主来说主要是实用,比较"一手"房屋装饰更要显得强烈和明确些。由于各个业主情况不一,用途不一和认识不一,对于装饰装修要求也会有不一的。尽管有着许多的不一,从业主及其家人的观念上,做的装饰装修用途,必须是实用、方便、舒适和安全的,给予原有房屋的用途得到了本质上的改变,且非常适合于现代人居住使用标准。

二手房屋用途在装饰装修后得到改变,主要体现在能按照业主的意图突出了使用功能,显现出方便舒适和活动合理等实用特征。所谓使用功能,主要反映在装饰装修后的二手房屋,给予业主心里上企盼的使用要求,由于不同业主的不同生活习惯,兴趣爱好和个人素质,造成了对二手房屋装饰使用功能要求,会大不相同的。这样,在做装饰装修时,必须善于把握因人而异,因需而异和因情而异的实际状况,将不同要求的用途做出特色成效来。例如,小孩的居室用途,既要具有睡觉休息的静态空间,更应当有着鲜艳、活跃和安全使用的动态空间。而老人用的居室,重在使用方便,行走稳妥,出入平安,采光和通风条件都要好的使用功能。

使得二手房屋装饰使用功能改变,既要按照业主的特性意图,个人喜好和生活习惯,又要注意到地方习俗,民族特色和传统文化要求来做,切不可由装饰从业人员主观包办,却需要利用专业特长,给予业主提供必要的建议和意见作参考。例如,前房屋业主是汉族籍的,现业主是回族籍的。现业主装饰要求,居住休息、厨房使用和客、餐布局比较前业主会有所不相同。装饰装修必须按照其用途条件作改变,不可能成为一个样的。不过,从普遍性用途的重点,应当放在把握好静态和动态空间、私密和公用空间等,尽可能地依照业主的意愿做好装饰,才能体现出用途得到适宜的改变。不然,就有可能出现不满意情况和矛盾纠纷。例如,按照常情,卧室、书房和电脑室等是以静态为主的居屋,客厅、餐厅和走廊等是以动态为主的区域,在做装饰装修的时候,一般会依据其特征,选材用材,色彩调配和设计施工造型,以及体现风格特色上,会严格不同要求作区别的。假若是业主有着独有习惯要求,也会呈现出在动态区域做有静态休息的使用装饰,或者是在静态内做有动态性使用装饰的。其目的是要满足业主用途,并由此做出有着个性特色,充分体现出用途得到让业主满意的装饰成效来。

二手房屋装饰要使用途得以改变,却是要表现出方便舒适特征的。所谓方便舒适,就是要体现出装饰后的居室使用功能显得顺心、顺手,没有不便利的感觉。居室使用方便,会让业主及其家人感觉到装饰装修给予用途变化的作用。方便了才会感到得心应手,有一种使用起来舒适的心理体验。舒适,是对于装饰装修成效永远的要求,为第一要素。由于不同的生活习惯、兴趣爱好和个人感觉的不同,对于舒适的体会是不尽相同的,因而要把装饰风格选择一定强调业主喜爱为首要,才有着装饰装修改变用途的可能。例如,对于卧室使用功能,不仅仅认识到是用来睡眠休息的。如果要使卧室用途发挥得更好,就要在其储藏功能上做出特色,使得家庭中的存放物流能得到尽可能地储藏整齐、利落和安全、不能出现视觉上的不舒服,心中不放心,存放不方便的状况,是充分体现居室用途发生重大变化的标志。

二手房屋居室用途得到改变的又一标志是体现活动合理。所谓活动合理,是指居室间格局合符业主及其家人的使用要求,各居室的功能安排和行走线路显得很合理和流畅,联系紧凑而不显乱,同时还有着各自的特色和相对的独立性,不让各使用功能受到干扰,通行很顺畅和很舒适。尤其对于原来存在的主卧和客厅有着对开门,卫生间不隐秘,厨房不安全和居室使用功能不明确等毛病,都随着装饰装修竣工后,有着明显的改变和改善,各居室用途都感觉到方便和实用。例如,厨房的使用功能要多体现出自然采光和通风的特征,没有安全隐患和不发生事故,同餐厅紧凑相连,使用起来很顺便,储藏、清洗和烹饪等使用功能都能得到充分发挥。

三、房屋品质明显提升

房屋品质明显提升。应当是二手房屋装饰必须要有的成效。主要反映在外部条件明显改善,内部构造得到整改,居室环保健康优势提升等,给人一种良好的印象,业主及其家人能心情舒畅地接受装饰成效,安心安意地使用,明明白白地享用。

这里说的房屋品质,就是房屋的质量。其质量既有外观视觉上的感觉,又有内部结构实际把握,做到心中有数,让业主及其家人非常放心。

业主购买到二手房屋,包括次新房屋和旧老房屋,心里对房屋质量一般都存有疑虑。主要对房屋内部结构和使用状况不甚了解,在经过装饰装修之后,逐渐地了解清楚房屋的内部和外部状况,疑虑得到化解。同时,由于装饰装修给予房屋居室创造出一个靓丽、明亮和新颖的景象,旧情景从视觉上消失掉,摆在面前的是业主及其家人心里所需求的,自然而然地会对自己所购买的房屋质量放下心来,作为自身理想的房产。

体会房屋品质明显提升的最先是在装饰装修中,从拆旧、更改和重装等方法里,对业主所购买的房屋,先看到外部面貌,在拆旧中了解到内部构造,即从房屋表象情况,或是经过房屋图纸视图,到实际拆改、查验和装饰上,将房屋内部的构造已是心中有数,放下心来。接着按照业主意愿对房屋构造和外观给予补装完善,完全成为业主所盼望的新品质和新景象。同时,在给予房屋装饰装修中,依照业主的需求,对空间作了重新分割和划分,既给予内部空间和构得到改善,又给予外部面貌进行明显改观,出现了今非昔比房屋品质提升的成效,让业主及其家人非常地信任了。

这样,体现二手房屋外观条件明显改善,也是不言而喻的。给予二手房屋装饰装修,是经过装饰从业人员认真反复地谋划后,设计出体现业主期盼的方案和图样,再经过细心选材、组装、涂饰和配施工完成项目,呈现在业主及其家人面前的,是一个美妙、靓丽和崭新的房屋居室新面貌,无论从居室空间新布局、新造型和新色彩上,还是从突出使用功能的新谋划、新装饰和新配饰上,都会令业主及其家人感到非常喜爱和看重,既充分体现出个性特色,又明显反映出高尚品位,完完全全地是凸现出"我装饰,我喜爱"的实质效果。

二手房屋进行装饰装修,体现环保健康和品位提升优势,也是完全可以做到的。从现有的装饰装修用材质量,如果不是选用劣质品和不合格材料,一般情况下,都是以环保健康作为基本标准的。况且,从现代装饰装修的普遍要求是,不但要环保健康,而且要绿色低碳,实现绿色装饰。

所谓绿色装饰,即指有利于身体健康和对环境影响最小的装饰装修方法及施工过程。要求谋划设计时,考虑多采用自然采光和通风,将建筑材料和人类活动引起的污染物质即时排放。在选材的时候,采用"绿色建材"合格产品,并在装饰装修施工过程中,做到节能、节水、低噪音,装饰装修垃圾进行妥善处理,给予居住环境以最小的影响。这就是绿色装饰的基本条件。同样,低碳装饰,比较绿色装饰更提高了一步。要求以减少温室空气体排放为标准,以低能耗,低污染为基础,注意装饰装修过程中的绿色环保设计,可利用资源的再次回收,装饰产品环保节能等,从而减少家居生活的二氧化碳排放量。由此,使得二手房屋装饰装修给予业主一个良好的居住放心的内部环境,充分体现出房屋品质明显提升的喜悦。

第三章 二手房装饰特色窍门

二手房屋装饰看上去并不复杂,比较"一手"商品房屋的装饰装修,却又显得难驾驭和难把握一些,要做好和做出成效,让业主满意,有必要做策略上的把握。所谓策略,主要是为实现二手房屋装饰满意目标,能够根据装饰潮流发展变化,不断地改变方式,采用相对应的手段,紧跟发展趋势,做到每次成功不出差错,就显得难能可贵了。这种把握主要在于是针对必具业主个人特征,必显房装独有风格,必有人文特别效果,必存显著价值作用和必向规范方向发展等,彰显出装饰装修的不同凡响。

第一节 二手房装饰必具业主特色窍门

二手房屋装饰装修必须具备业主个人特色,是一个广而深的课题,最不好把握的。原因主要反映在人的活的因素特征,不断地发生着变化,即使是同样的一类业主群体,都有着千差万别的情况,就不要说各式样的业主,同是兄弟姐妹这样的业主状况,对装饰装修的要求,也是不相同的,还必须得把握好,不能出现大的偏差。在这里只能从基本原则上作些浅谈,不能作过细过深探索,起个抛砖引玉的作用。

一、必具老年型业主特征

所谓老年型业主,即是指年龄大,经历长,购买了二手房屋的人。一般年龄超过 65 周岁以上,大多数人有行动缓慢,视力差,生理变化反应减缓和感觉迟钝等特征。这种类型的业主做装饰,不能同于一般性要求,有着其独立特色,就要引起广泛关注。从常理要求,老年型业主的装饰装修特征,应当以安全平衡与温和踏实为主,尤其在二手房屋装饰中,会更看重这些特征。不过,也有讲究靓丽、美观和时尚为主,不可一概而论。

针对老年型业主注重安全为先,安全第一的装饰装修特色,作为装饰装修从业人员,就要根据二手房屋的具体实际,采用正确做法,以利实用。为使地面感觉平稳和舒适,应当以镶铺木地板或者复合木地板为主要装饰装修做法,一般不采用镶贴瓷砖和石板材为佳。对于有条件的,在卧室里采用软质材胶粘地面。软质材是相对于木、竹材质而言的,主要指塑料、橡胶和地毯等。这种材质做地面铺设,有着清洁、美观、耐用和廉价等优点,并具有一定的弹性、保温性和耐磨性,有利于老年型业主使用,安全性要好一些。地面铺贴要体现处处平坦,没有落差和棱角,显现出很实在和平稳。

同时,做到安全和稳妥,需要确保采光和通风条件,从原则上对于老年型业主的二手房屋装饰装修,顶面最好不做吊顶造型,却要做好灯光装配,灯具不宜太大和华丽,要保证灯光效果,不能出现光线暗弱不好的情况,显得亮堂和不刺激眼光的效果。墙面色彩多显淡雅和协调氛围,少用对比强烈的色彩,以适合老年型业主视觉生理和习惯要求。

还有就是要显示出温和稳妥的特色。温和体现老年型业主的性格和口味,做出的装饰装修成效显得自由舒畅,外观感觉朴实和结实,少有复杂多变的几何形状,多以传统实在的直线形,一目了然,却又不显得木呆和笨拙,使用起来则显方便。在后配饰上,多选用简单明了便于操作的智能电器控制,给予使用带来方便。尤其是人性化的安全防护系统,给予老年型业主有着安全保障,不存在太多的麻烦和担忧。同样,给予老年型业主的二手房屋装饰装修,选用的环保生态做法,更是一种明智之举,以选用无毒、无害、无污染和隔音防尘好的绿色装饰材料,能给予装饰装修工程呈现出生态环保功能、休闲活动功能和景观文化功能等,让业主使用起来感到特别的舒适和有利于身心健康,才不失为具备老年型业主特别适宜的特色装饰。

装饰装修二手房屋,能够做出隔音良好,显示安静居住成效,同样是适合老年型业主需求的特征要求。由于老年型业主随着年龄偏大生理变化原因,睡觉休息逐步处于渐差状态,夜间稍有声音干扰,就有失眠可能。如果通过装饰装修能够做出隔音难闻外部噪声的居住效果来,就为老年型业主睡觉休息带来了福音。

在给予老年型业主的二手房屋做装饰装修时,做到谋划设计周密,选用材料和组织施工正确,将容易接触到声音传入的门窗,用水容易产生声响的设施"硬"件做好,严防噪声产生和传入,使得关闭门窗后的居室内,能得到安静无声的使用成效,就是达到老年型业主又一特色标准的好装饰装修工程。如图 3-1 所示。

图 3-1　适合老年型业主特征的装饰装修

二、必具中年型业主特征

所谓中年型业主,主要指年龄成熟,经验丰富,见识广博,精力充沛,工作稳定等类型的二手房屋购买者。其处在一个心平、气盛和显摆,以及自我欣赏的时间段内。这种类型业主,虽说是二手房屋装饰,却是比较讲究的,有着赶潮流,讲时尚的强烈愿望中,且又显现出稳重细腻的心理特征,其要求的装饰造型和色彩,多以靓丽、华贵、庄重和气派的特色为主,主要选择简欧式、古典式、自然式和现代式风格,以及由这几种风格组成的综合式,很是追求环保健康和安全实在,以及文化品位、智能舒适标准,尤其要求展现个人特色和人文效果。同时,还很强求功能齐全,空间丰富、经济实惠和艺术特色,是最不好把握的。针对中年型业主这些特征,选择做二手房屋装饰装修,需要下些功夫,有认真谨慎态度,才能达到满意要求的。从居住和使用功能上,要特别尊重中年型业主的个人意愿,注重以人为本的理念,针对不同业主的情况,有的放矢地做出最佳谋划设计,提出有效方案,确定适宜规划,并将业主的意愿合理、巧妙和实在地体现出来,给予其房屋居住使用功能尽可能地发挥出来,以满足各个要求。

从把握满足中年型业主的居室使用功能出发,在给予有限的装饰装修空间里,围绕着一个主题,做着多种多样的美妙谋划设计,以丰富层次,精巧布局和色调平面,灵活顶面,活跃地面,变幻空间等手法,做到虚实结合,深浅配合,点线融合,高低组合的成效,使得二手房屋居室装饰装修成为一种艺术美感的享受,并以此来充分展示中年型业主的个性特征,达到最完美的装饰装修目的。

作为中年型业主,是最善于精打细算,善于把握事物过程和结果的。在针对二手房屋居室的装饰装修体会上,花费该花的款项,要求得到最经济实惠、美观漂亮和个性特征的成果。作为装饰从业人员,在给予其做装饰装修工程时,必须要特别注意到这一特征和要求,不然,会容易出现合作不畅和发生矛盾的状况。既要做好谋划设计,以业主最满意的方案和图纸获得通过,又以廉价而环保健康的材料成为首选,实施精确、精细和精致的做工,使做出来的装饰装修工程式样,都是业主喜欢的,有着多种多样,丰富多彩,精妙美观的效果,即给予视觉上的靓丽华贵,又给予感觉上的轻松舒适,从心底内真正觉得满意的。

不过,对于二手房屋的装饰装修,大多数的中年型业主,还是很讲究实惠实用的,并将实用放在第一位,美观放在第二位,对设计和施工注重实事求是,不喜欢花架子和偷工减料,弄虚作假等不实行为,也是需要引起特别重视和防止这一类现象出现的。因此,作为从事这一职业人员,切不可小视更不可忽视这一特征,一定要善于分别各种不同情况,进行准确和正常把握,将自己的装饰装修工程做出令中年型业主非常赞佩和信任的成效,就能为自身职业前景描绘出了美好蓝图,奠定了良好的基础。

同样,还要注意到中年型业主对于装饰装修二手房屋居室的要求,是很讲究文化品位的。从装饰装修谋划设计、到选材用材,再到施工配饰和后期的配饰上,都需要体现出文化色彩和品位,以彰显业主的文化身份和对文化的兴趣爱好来,这是要充分把握好的。由于中年型业主的社会经历、生活习惯和审美情趣都是很成熟的,还往往喜欢以装饰装修特色和后配饰形式反映出来,就要尽量地以多种多样的方式给予满足,千万不可以忽视,更不可以缺失,是会给予中年型业主二手房屋装饰装修带来更多更浓的兴趣,增加满意率的。如图 3-2 所示。

图 3-2 必须具备中年型业主个性特征

三、必具年轻型业主特征

所谓年轻型业主,即是指年龄刚进入成年人行列,已成家,或者成家后还没有稳定的工作,经历不多,处于一个结束单身生活向独立家庭和成熟期发展阶段。对于这样一个二手房屋类型的业主,其房屋装饰装修大多是以"过渡"为特征。但"过渡"时间有长短,情况有不同,要求装饰的成效会相近,使"过渡"期间的居住使用生活不寒碜,能风光和快乐,比较注重后配饰,房屋装饰一般注重"重装饰,轻装修",实施简单通行,色彩丰富和实用安全为主的现代式、自然式(田园式)为多,也有和式等装饰装修风格,很少有古典式、简欧式一类的装饰风格。

针对年轻型业主看重的现代式和自然式(田园式)装饰装修风格。主要体现出这样一些特征,显得质朴简洁,感受到现代气息和使用功能直接,色彩变化多端,多以白色、灰色,或者浅茶色、象牙色等为基本色调,线条为直线型和有几何型,形状简单地装饰顶面和墙面,材料多以金属、玻璃和复合材料等来表达装饰效果,充分展现出现代功能风格,是很适合于二手房屋装饰装修状况的。这种风格给予人的感觉是,充满阳光、朝气、活力和多彩,有利于自然采光和通风,显现出直接和快捷,以及爽朗的作为。在中国黄河以南的夏季有些聚光和显热的感觉,在应根据房屋朝向和采光不同,要注意在装饰色调上做正确把握。例如,采光好的居室宜多采用"平色"和"冷色"调;采光差的居室宜多应用"暖色"调为好。同样,在中国黄河以北的区域,选择这一类装饰风格,也应当分别房屋居室采光好和差的不同情况,在选用色调上也要有所区别,最好以"平色"和"暖色"调为主,切忌"冷色"调,以免不适应。

选择自然式(田园式)的装饰装修风格,多以自然素材和柔和的色彩为基础,显示出装饰式样上的视觉效果、淡雅、贴切、和谐与自然的氛围。有的装饰工程在地面或者墙面上,直接应用田园式形状来表达这一装饰风格特征,让使用者和观赏者一下子就感受到自然式(田园式)的风味,品味到亲切的乡土气息和自然氛围,在大都市里有着这样景象呈现,真是别有一番情趣。

这种装饰装修风格,选用材料本应当是天然的木、竹、藤和麻等为主,从现有的实际情况,多以仿型的人造材所替代,比较使用天然材,给予人的视觉效果更具备自然特色和其相感受。主要在于仿型材聚集了自然材明显特征,完全达到以假取真的成效。从装饰装修花费和低碳装饰的角度,还显得实惠,符合当今装饰潮流要求,更有利于年轻型业主的实际状况和意愿感觉。

具备年轻型业主二手房屋装饰意愿特征的,还有同自然式相近的和式风格。在装饰装修造型上,和式风格多采用榻榻米、推拉门和涂壁等做法,色彩多以自然形,选材上也多以天然的。实际上,在针对年轻型业主做装饰装修,多选用自然式和现代式的风格时,也有推拉门和涂壁等做法,同和式风格分别不是很清楚,多以方便实用和少占空间为目的,同时,也是反应出年轻型业主的个性特征和兴趣爱好,实现这一类型业主及其家人的装饰意愿,充分展现出符合年轻型业主的轻快,简洁和青春活力的特征。

年轻型业主主张的二手房屋装饰装修特征,主要体现不在造型上的多彩和细腻做法,却要在色彩上选用自己喜欢的,能明确表达业主心境和意愿的。以一种重点色调为主,配以简单的其他色彩,不宜太多太杂,只要协调,给人一种舒畅的视觉美就是最好的。因为,在简单和直白的装饰装修后,年轻型业主会在后配上做足文章,更多地采用自己喜欢的色彩和家具,以及布艺品来装点自己的居室,以展现其情趣和爱好。

不过,也不否认还有其他具备个性特征和独有特色的装饰风格,以此表达自己的情趣爱好。主要有从色彩上,大胆采用刺激性表达个性不同于一般的。这在那些喜欢挑战性的年轻型业主的行为举止上,更期盼在自己的二手房屋装饰特色不同于其他,以其独特方式反映自己的作派等。作为装饰从业人员,一定要特别重视这样的表现方式,尽自己的专业所能,给予充分地反应出来,更有利于凸现年轻型业主的装饰特征的。如图 3-3 所示。

图 3-3 适合年轻型业主的装饰特征

四、必具知识型业主特征

知识型业主越来越多,比较其他业主群体的二手房屋装饰装修,是有着独有个性特征的。虽然,这个业主群体有着不一样工作、生活和经历情况,却是喜欢学习和有知识的,又不会忘记自身所处地位和社会责任,以及随时都愿意展示自身的才华,崭露头角的。在二手房屋装饰装修上,必然要有着自身独有风格的特色,不仅在装饰形式上会不同于一般,而且在空间分割和划分上也会别具一格,以充分展现出知识型业主的这一特征。

从现在的知识型业主情况看,比较其他业主群体,在进行房屋装饰装修上,特别看重书房和电脑房这一必不可少的"用武之地"。几乎所有的知识型业主都有书房藏书、学习和使用电脑系列工具,还有相当多的要求专靠电脑系列工具作业,是其工作和生活的全部寄托。因此,在装饰装修中必须有着适合电脑操作的空间和环境。同时,书籍也是必不可少,还需要有着存放的空间和充分体现出文化品味的装饰效果。抓住这一特色,也许就有了适宜于知识型业主装饰装修的特征。

抓住知识型业主二手房屋装饰装修特征,还必须分别出老年型、中年型和年轻型等多个年龄型业主的不同状况,既要从年龄、爱好和习惯不同上把握住个性特征,选择准确装饰风格,更要从知识结构,工作性质和个人意愿上把握好装饰要求。老年的知识型业主,大多比较讲究方便、实用和庄重;中年的知识型业主,大多要求体面、沉稳和气派;年轻的知识型业主,普遍期望有着朝气、光鲜和宁静的装饰效果。虽然,各种年龄的知识型业主,对二手房屋装饰有着自身特征,不过,也有着其"共性"的要求,如老年的知识型业主讲究庄重和中年的知识型业主要求的沉稳,以及青年的知识型业主看重的宁静,都是为表达他们的房屋装饰装修成效,要充分反映出严肃、沉着、安定和不轻浮的同一特色。这一特色显现出相当重要的地位,不可以忽略和马虎对待的。从给予他们做二手房屋装饰谋划、设计和选择装饰风格上,以及选用材料,作工艺、工序和施工上,甚至在选配装饰色彩上,到后配饰的家具、布艺等,都是需要按照庄重、沉稳和宁静这样一个特色把握的。例如,针对老年的知识型业主特征,一般以选择具有传统的古装式样的风格,即古典式或者中式,如果是在国外学习和工作时间较长的,则以简欧式装饰风格合适。这几种装饰风格对于居室要求成效,装饰工艺和做工比较精致、细腻和结实,色彩多以深红、绛紫和褐色等为主色调;简欧式风格是以白色、金色和黄色为主色调,体现出古典和华贵的氛围。中年的知识型业主,大多以选择中式和简欧式装饰风格,喜好华贵、优雅和传统的精美、精细和精致效果,色彩多以乳白、金黄为主色调,有着华丽、贵气和现代气息。年轻的知识型业主,则基本上青睐于现代式、自然式和综合式装饰风格,喜欢浅色调色彩,也有做出刺激性很强色彩的,以充分体现出朝气、活泼和挑战性味道。若是从浅色调为主色彩,就是显示出简洁和明快成效,又有着动中有静,静中朝气的气氛。

作为知识型业主,无论老、中、青年龄的,都有着爱面子,讲文静和有个性的独有特征,对于自家的二手房屋装饰装修,不能存在视觉效果太过一般的状态,一定得展现出浓厚的文化氛围和科技气息,既要在装饰工程上体现出来,更要在后配饰上凸现明显,决不能像一个普通型业主那样没有文化内涵,不然,就不是知识型业主的家了。

其实,必具知识型业主二手房屋居室典型特征的,是要将装饰装修重点放在书房,而不是客厅。客厅只作为一般的公共活动区域,书房才是业主活动的主要场所。书房不仅仅有着读书、办公和藏书的使用功能,更重要的是成为业主会客、交流和休息睡觉等多项用途。其装饰装修从谋划设计,到选材用材和施工工序、工艺,都是需要作精心、用心和重心安排的,做出最好效果。接着在选购家具和后配饰上,业主会作为体现自身情趣和个性特征重点布置,完全是要凸现知识型成效特征的。如图 3-4 所示。

图 3-4　具有知识型业主装饰特征

五、必具职业型业主特征

必须具备职业型业主特征,同时二手房屋装饰要注意把握的。主要在于不少业主形成着职业习惯,或者是喜欢自己的职业,从而有着这样一个个性特征,也有着展示自己的身份做法。将这一点作为装饰特色,应当不失为一种好作为。

针对各不同职业来分别出业主个性特征,理应顺其意愿,从居室分割和划分时开始,就要依据职业特征的不同需求,掌握其不同特色,从实际出发,有的放矢地进行,做出式样,以物型显示,体现成效,让业主自己更加欣赏,更加喜爱,更加品味,也就反映出装饰装修工程成功效果。

所谓职业型业主,是指个人在社会中从事的工作,而这份工作成为其终身职业,致使其专业性很强,被称做专业人员或者专家。由这样一类人员购买二手房屋做装饰,必然会趁机给自己喜欢的职业留下痕迹,反应点个人的喜爱者。这种反映在二手房屋装饰装修上,既存在着有意这样做,也存在着无意这样做,就反映出来,让观赏者明显看得出和感受得到。例如,从事医务职业的业主,一般在家里建立了专门的医用书库,有将医用"红十字"标志很明显表达出来。还有从事专业性很强的职业业主,在给予住家居室装饰装修时,都会以一种形式将职业表达出来,既是给装饰增加点景观,又是为自身爱好留下点记忆,这在二手房屋装饰中经常遇到的事情。这样,就为装饰从业人员抓个性特征,做出特色装饰造成了可乘之机,应当把握好这个机不可失,时不待我状况,为做出特色装饰找到了一种捷径。

像使用这样一类来展现装饰特色做法,大多是以个人一种喜好和习惯表示出来,还没有形成一种装饰风格而已。例如,像从事职业型的体育工作者,就很喜好在自己的住家居室装饰中,以其从事的专业标志展现在走廊里端的墙面上;有专门设立专业居室,并将职业标志装饰成一个图案在门庭上;有将活动房或者书房作为职业房进行装饰的,等等。按照业主职业做专门性装饰点,以此体现个性特征和情趣,显然是一种值得倡导的做法。不过,也有需要注意的是,做这一类职业型标志装饰,必须具备专业性知识,做出专业特色,切不可不伦不类。

社会职业万千行,作为装饰从业人员不可能行行都懂得,对于有的行业甚至是闻所未闻。由此,装饰从业人员要学习更广博的知识,见闻多种多样职业,尽量使自己成为一个见多识广懂得多和广的"杂家",切不可成为一个"井底之蛙"。不然,是不利于自己装饰职业发展的。

实现职业型装饰特征要求,必然是二手房屋业主自身的愿望,企盼自己的住家居室装饰装修有着与众不同的独有特色,是一种个人情趣发展的结果,也是一种特殊的享受。随着二手房屋装饰装修行业的进步，以及社会人士对个人房屋居住使用感觉的深刻认识，会日益体会到有个性特色的难能可贵。因为，职业本身是一种个性反映，兴趣的表达方式，对于做出特色装饰装修有着多种做法，从现有的装饰装修风格呈现出来的式样，远远满足不了各类业主个性特征要求，作为一个兴新的装饰装修行业，从兴起到发展过程中，必须有着长远眼光和充分的思想准备，从体现业主职业特征，做出有个性特色的装饰装修中得到一点启发，由此发掘到各式各样点子、方法和窍门，以利于依据各不同业主的意愿，开发出更多的装饰特色来，以满足各方面的需求。如图 3-5 所示。

图 3-5 必具职业型特征的装饰居室

第二节 二手房装饰必显风格特色窍门

二手房屋装饰同"一手"商品新房屋装饰一样，需要讲究装饰风格特色，并且要求有不同的各式各样的风格特色区别，尤其要有业主个人特别钟情的风格特征，才有可能引起广大业主的兴趣，有利于行业的提高和发展的。二手房屋装饰风格特色的确定和选择，应当是按照各不同业主的喜好和情趣进行的，而不是由装饰从业人员随意来做的。装饰风格特色，从过去的古典式、简欧式和自然式，已发展到现代式，以及由过去多种风格特色综合成或者变通成现代综合式等更多的风格特色，致使现有装饰风格效果，呈现出百"花"争艳，各显魅力的局面。所以，要抓住各装饰风格所长，克其不足，致使二手房屋装饰必显风格特色，能展现出从未有的效果，给业主更多惊喜。

一、必显古典式风格特色

古典式装饰风格,主要显示出以一种传统的悠久的装饰装修做法,将二手房屋居室做成一个具有古质淳朴、古色古香、古代文化特征式样。在中国广大地域得到采用,还结合着各地域、各民族和各乡俗浓厚特色,特别被老、中年业主看好,感觉这种装饰风格能给他们带来古朴典雅,自觉良好的情趣,也比较适合于这一群体的庄重、传统、沉稳和安宁的性格要求,显现出中国人的习俗和灵气特征,以及自古以来传统着认知因素。这种装饰风格特色体现出来的是中华民族的独有的和显著传统风味的,值得传承和发扬开来的。

针对二手房屋装饰必显古典式风格特色,主要在于继承和发扬其有着中国传统文化和建筑的优势,体现出中国古老民族的庄重,质朴、淳厚和优雅的品质特征,以房屋居室装饰装修方式展现在世人面前。同时,表现出中国人民自古以来,对于自己家居环境讲究着做工精细,设计精美,配饰精致实际要求。并且要求做出的家具和配置的布艺的风格特色是相统一的。这种装饰装修风格特色能传承到现代社会,还表现出经久不衰,青睐者诸多,继承者不断,有着广泛的市场前锦的事实证明,不但只是其风格特色反映出中国民族特征,关键是业主的喜爱,市场适宜和给人以美丽的深刻印象深深地吸引着,让人无法摆脱其诱惑和魅力的结果。

从现有二手房屋建筑要求,选择古典式装饰风格特色,是有着一定的优势的。尤其像那些有着悠久历史时代的木屋架和砖混结构之类的房屋,从建筑外形到原有装饰形状,大多是采用传统的古典式装饰风格特色,从造型图案到色彩涂饰,或多或少同建筑外型相统一和相近似。如果在再装饰的风格特色上作很大的改变,会给人一种不习惯和不伦不类的感觉。如果是针对钢筋混凝土框架式结构的建筑房屋居室做再装饰装修,似乎就不存在这一观念。假若是在塔楼房屋居室内,曾经做过古典式风格特色装饰装修的,再做新装饰时,最好选择使用同样的风格式样更为合适,特色更能给人深刻印象,久久不能忘怀,同与塔楼建筑风格更相近,更相宜和更和谐。

虽然说是古典式装饰风格特色,以现有的条件来做,并不是完全的原有性质,有着许多的变革和区别。主要在于工艺、工序、技术和材料上,已不能做实质的继承,多多少少是发生着变化的。例如,工艺上不再是完全人工操作,多以电动和机械加工。加工出来的装饰件看上去显得精细和精致,却没有灵活性和多样性,有着明显的机械加工局限性;配件多以人造材取代自然材,从视觉效果上没有古朴和纯厚的感觉,显得单薄简洁和现代气息很浓,没有了自然材的芳香;再者是装饰件外表涂饰材料,多以人造的化学颜料调配而成,很少有过去应用的大漆(即土漆)的涂饰成效,能经久耐用,且越使用越光亮,而人造调配的涂饰材做表面涂饰,会在使用的很短时间内,失去装饰的美感,没有古典式风格特色成效了。这是今后提高古典式装饰风格特色品质,值得要攻克的难题。

从加工和涂饰等一些工序和获得装饰成效上,二手房屋装饰选择的古典式风格特色,只能说是同其他的装饰风格特色做的一种区别手段而已,并不能同传统的这种装饰风格特色做真正意义上的比较。尤其是不少业主在选择古典式装饰风格特色时,又要应用现代人的更多装饰装修做法,甚至还结合着其他的装饰风格特色,本是一个很好思维苗头的行动,就不必太在意装饰风格特色严格区别,只要是业主自己喜欢的,就是最好的装饰风格特色。如图3-6所示。

图3-6　古典式装饰风格特色

二、必显自然式风格特色

自然式风格特色,是一种乡土气息浓厚,接近大自然,有着环保健康景象,让都市中人能回味到大自然氛围,感到别有一番风味和情趣。这种装饰风格特色很受年轻型业主青睐。也许是在大都市里生活紧张和厌倦的原故,想轻松和松弛一下情绪;或者是受到童年美好感觉的影响,需要亲近年少生活;或者是大自然景色很让人喜爱,作为二手房屋居室的装饰风格特色,更是情理中的事情。让业主喜欢和看重的风格特色,就是值得装饰从业人员推广和应用的。

针对二手房屋装饰装修必显自然式风格特色(亦称田园式风格特色),主要在于这种装饰风格特色,能给业主带来愉悦、舒适、轻松和富有朝气的感觉。使用借喻大自然景色和条件的方式,又以大自然的素材和其柔和的色泽为基本色调,或者直接采用大自然的木材、竹质材和藤质材等为装饰装修的基本材料,完全体现出是大自然材质和色泽的做法,使装饰风格特色,既反映出天然材料的个性美,又有着简洁、自然、朝气和乡土气息浓厚的体会,业主及其家人身临其中,就有着接近大自然的深切品味,会自然而然地产生出轻松和舒适及愉悦的心情来。

处于都市中的二手房屋业主选择自然式装饰风格特色,显然是业主心情的一种反映,同时是给予其心境的一种寄托,实在是很不错做法。如果是二手房屋业主选择的环境很优美,自然条件良好,物业管理有序,或者是房屋外在城郊结合部位,有山有水,树木葱绿,花草满坡的景色,假若住家居室选择自然式装饰风格特色,必然会形成室内外相照应,相结合和相融洽,自然风光入室来的良好氛围的感觉,其装饰效果比较其他的风格特色要更胜一筹。

其实,选择装饰风格特色,既是业主品味人生,认识事物,表达心境的一种方式,也是享受生活,领会大自然和人类社会心得体会的真实反映。同时,也是在反映着一个人的心境,性格、素养、情趣和爱好等。喜爱自然式装饰风格特色的业主,必然会是个性格开朗,性情活泼,灵气充足和青春朝气者。

从以往做二手房屋的装饰装修经验体会中,选择自然式装饰风格特色,通常是选用天然材料作为基本材。而现有做这种装饰风格特色状况和发展趋势,选用天然材做基本材做装饰的可能性会越来越小,一方面是天然材资源的局限,另一方面则是提倡"低碳装饰"要求,节能减排,多应用可利用资源材的再次回收成为趋势。好在现代科学技术发展迅速,给自然式风格特色装饰装修,提供了大量可替代的仿型人造材,从视觉效果上一点不逊色于天然材,色彩上更显得一致,色调柔和、色泽更美,装饰效果更令人心旷神怡。

做二手房屋装饰,选择自然式为主导的装饰风格,必然会渗透着其他风格特色,以此丰富装饰形式和内容,出现新的装饰风格特色,主要是现代装饰必须选用现代材料的原故,避免不了的。还有是受二手房屋面积的局限,为方便使用和更好地利用空间,就利用推拉式门和现代材料做的家具,布艺也少有自然风格特色的,都是充分地应用现代科学技术条件,将自然式风格特色装饰融入现代科技中,以此完善和提升装饰装修的实用效果。像装饰装修建材市场不断推出的仿型人造材,其外形集聚着天然材主要特征,比较天然材更具有自然风格特色,材料品质又是应用现代科学技术手段,先进的生产工艺,使之达到国家环保健康的用材要求,还克服了天然材的缺陷和不足,很适合"低碳装饰"标准。从这个意义上,选用仿型人造材做自然式风格特色装饰,完全能实现二手房屋业主的意愿和期盼。如图3-7所示。

图 3-7 自然式装饰风格特色

三、必显现代式风格特色

现代式装饰风格特色,以直接体现现代设计理念,显现现代装饰用材,凸现现代色彩的一种装饰装修特征。按照现代人对二手房屋装饰装修的认识,就是体现出现代式风格特色,是最适宜、最简便、最轻松和最直接的做法,又是最理想和最美好的表达方式。由于每一个业主的个人性格、习惯、情趣、爱好和欣赏不同,还有着年龄、地域、民族、风俗和素质的区别等各种原因,不可能只认同现代式装饰风格特色为唯一的,必然会出现多种多样的装饰风格特色要求和选择的。这样,既符合二手房屋业主装饰意愿,给予住家居室装饰装修带来争奇斗艳,各放异彩,视觉舒适,让业主心里满意的成效。不过,现代式装饰风格特色,同其他各式装饰风格比较,还是有着其独有优势,占着时利、人和与势先的优越条件的。

针对二手房屋必具现代式风格特色上,就不难体会到时利、人和与势先来。因为,现代式装饰风格特色,反映的是质朴、简洁和快捷的设计思想,感受到的是现代功能性的使用要求,体现出来的是非常理性的装饰构思,采用的色彩大多是以白色、象牙色和浅色等暖性色调、或者中性色调,而很少应用黑色、蓝色和青色等冷色调。选用的装饰装修材料,一般是现代的复合材,具有很好的科学技术性能,使用的是直线条来表达现代的功能。从这些特征上,不难看到时利,即时间上的益处,从现时节做二手房屋的装饰装修,必然选用的是现时代最时兴和新出产材料,色彩是正在流行的,以此来显现出装饰工程的时尚,是超潮流的。人和,现代人既讲浪漫性和现实性。现实性是看得见,摸得着和感受得到的,只是受着一定条件的局限,在选用材料上,虽说是现代的,却不是最科学、最先进和最好的,只有当时代发展到一定阶段,再可体验到和享用上将到来的现代式用材和装饰风格特色;势先,则说的是现代式装饰风格特色,以一种潮流和时尚在统领着二手房屋的装饰装修势头,是其他的装饰风格特色不能相提并论的。现代式装饰风格特色多为年轻型业主看重。

现代式装饰风格特色,最突出和让人感受深刻的是,采用现代人的装饰装修理念,应用最现代和最时兴的现代出产的装饰材料。现代人的装饰装修理念是:"重装饰,轻装修"做法,讲究简洁明快,突出重点,抓住亮点,其他的装饰部位,围绕着突出亮点和重点做陪衬,像绿叶陪衬红花,让红花更鲜艳一般。这样的装饰装修做法,显得既轻松,又经济,还为变通风格特色奠定好基础,给予凸现业主个性特色创造了条件。

作为现代式装饰风格特色,就是要讲究个性特征,按照业主个人的情趣、喜爱和意愿,以装饰装修形象的方式表现出来,凸现现代业主的作派。同样,作为现代式装饰风格特色,应用的是现代出产的材料,也是反映着现代人的性格特征。现在普遍认为现代材是最让人放得下心,感觉时尚,最赶潮流的。尤其是现代装饰讲究环保健康,生产的装饰材料,理应当紧跟时代要求,值得信赖的,能适合低碳装饰"需要。

二手房屋装饰必显现代式风格特色,却是个动态型的。随着时代进步和社会发展,以及科学技术的提高,现代式装饰风格特色的形式和内容,都会有着变化,是以最现实、最先进和最科学的方式来体现,是个动态形式的。不变,只是相对而言。例如,装饰装修外形面貌,以直接的方式来表现,使用直线、直边和直角,以及点、孤和圆等,则是个永恒的特征。不过,"三直"和点、孤、圆等,只能是现代式装饰风格特色独有的,而没有几何造型和花色式样,显然是不正确的。现代式装饰风格特色,不仅在局部上、突出点和着重处,有着多种多样变化造型,以展现重点和亮点的需求,而且在整体上,从形式到内容,都是需要作经常性变化的,只是应用的"三直"大小、长短和高低不同,应用的点、孤、圆造型部位不一样,有着无穷无尽变化,以表现出现代式装饰风格特色的形体美观,格调高雅,风格独特,特征明显,并以此来区别其他的装饰风格特色。如图 3-8 所示。

图 3-8 现代式装饰风格特色

四、必显简欧式风格特色

简欧式装饰风格特色,是一种以区别于中国古典式风格特色的另一种装饰做法,既不像中国古典式风格那样深沉、庄重和宁静,也不像现代式风格那样简洁、质朴和有个性,却有着华贵、靓丽和柔和的装饰风格特征。如果二手房屋选择这个风格特色做装饰,一般是大面积的别墅、复式和跃层式房屋,比较适宜些,并且有着表现业主身份不同大众的作派,是中年型业主欣赏的一种装饰风格特色。

针对二手房屋装饰必显简欧式风格特色,是表现业主很欣赏欧美流行的有着传统式样,做工讲究,外形精致,造型精美,图案对称,具有厚重性和庄重感。色彩以淡雅和华丽的金黄、雪白、或者红、蓝等比较鲜艳形式为主色调,是其区别于中国古典式和其他装饰风格,显示出独有的装饰风格特色。材料多选用现代金属和玻璃材,凸现其特有的装饰效果。能给予人一种富贵、时尚和庄重的氛围,似乎住进了深宫高院一般。由于现行的装饰技能和采用的电动及机械加工工艺,从装饰细节到各做工要求上,不可能同传统的欧美加工工艺和工序及技能成效相比较,并且选用的装饰材料也多是仿型的人造材,外表上能有些相似,厚重上和实质里与这种风格装饰用材相差甚远,华丽和富上也不可比较,尚且,又只是一种仿造的装饰风格,没有真传实教,连照搬硬套还有距离,完全是为区别其他装饰风格特色,丰富装饰风格内容和形式故称简欧式风格。这种装饰风格特色,还是有着让中国房屋业主喜欢的装饰特征。尤其是作为二手房屋业主选择上,能给予改变居室面貌,改善住家环境,改进房屋条件,同其他装饰风格一样,有着其可运用的特长和中国业主看重的优势的。

中国二手房屋业主选择简欧式装饰风格特色,可以说是洋为中用,古为今用,是为丰富中国的房屋装饰风格增添了色彩和式样,也是为满足个性爱好和业主情趣需求。实际上,选择简欧式装饰风格特色,是一种很不错的举止。从其外形的精美,到色彩的靓丽,再到用材的挑剔,确实能给予喜欢的业主带来装饰美的享受。特别是自然采光和通风条件不是很好的二手房屋,选择这一装饰风格比较古典式装饰风格,从视觉上有着明显的优越性,比较现代式和自然式装饰风格,也是用其所长,克其所短,既有着舒适、自然和轻松感,又有着使用功能强,现代气息浓,美观效果好特征,适合中年型业主,爱华丽、显富贵、有气派、升气质的选择使用。

从现有中国二手房屋做的具有简欧式风格的装饰,并不是完全意义上欧美式风格特色,只是吸取这种风格特色所长,将二手房屋装饰风格推向多样化和个性化,以丰富装饰风格和提升行业装饰水平。这是行业发展的必然,也是符合时代进步要求的。同时,有利于中国住房装饰行业与世界各国同行业的交流,互相学习,取长补短,做到洋为中用,古为今用,他为我用,是适合中国住房装饰行业提升和进步需求的。如图 3-9 所示。

图 3-9　简欧式装饰风格特色

五、必显和式风格特色

　　和式装饰风格特色,同简欧式风格一样,属于洋为中用又一种装饰特色,是为丰富和活跃中国二手房屋装饰风格特色而采用的新做法。和式装饰风格特色,有着其他装饰风格不可比的优越,既有着自然式(田园式)风格相近似的特征,又有着现代式风格功能性优势。同时,还将日本国内传统和民间生活的优良性吸纳起来,促进中国二手住房装饰行业的进步,也深受业主和装饰从业人员的欢迎。

　　针对二手房屋必显和式装饰风格特色,就是要将日本国内的传统装饰风格特色和现代使用功能优势有机地结合起来,并进行有效协调、改进和完善,既反映着日本国装饰风格特色,又体现出被我所用后,给予选择的二手房屋业主使用的方便性。这种装饰风格选用材料和色调,多以树木和其他天然材的本身色彩为基本色调,应用天然材组成一个装饰整体,而少用涂料给予天然材作表面涂饰,多给予墙面做色彩涂壁,致使装饰的住家居室具有庄重、宁静、简洁和生气感。尤其能够根据居室空间实际状况,采用推拉门、榻榻米和高差等做法,活跃了空间和简便了装饰工艺、能获得意想不到的装饰效果,方便了业主的使用功能,是其他装饰风格特色不可相提并论的特长和优势。

按照中国传统的装饰装修做法,进出居室门和装配柜门,都是采用平开式做法,既占用一定的空间,又出入门不很方便,显得费劲。有时因空间局限,给出入造成困难,很显尴尬。特别是现代储藏柜多实施板式结构,柜门因过长过宽容易变形,做平开式门还不结实,给使用带来诸多不便。如果按照日本民间和式风格装饰做法,改为推拉式门,成为专业框式门装饰工序,结合现代滚轮功能组装使用就变得使用轻松,不易变形,还不占用多余的空间,比较中国传统配装柜门的做法,其优越性显而易见 ,充分体现出洋为中用的优势,给中国现代装饰装修行业进步带来了便利条件,也极大地丰富了装饰装修行业的工作内容。

自从有了和式装饰风格特色,不仅给予中国住房装饰装修风格有了更多的选择,而且给予装饰装修工艺改进带来了许多方便。例如,实施推拉门装饰做法,简便了现场加工工序,成为专业门加工系列,可保证做门工艺质量;给予小孩房增加专门活动地,就地做成榻榻米式样,利用高低落差便解决了问题,还很受少年儿童的欢迎。同时,给予居室空间变化,活跃空间,实现"静"中有"动"的装饰手段找到了最佳方案。还让选择和式装饰风格特色的二手房屋业主受益匪浅,能使居室装饰得到式样丰富性,特色多样性,空间变化性,充分展现了装饰装修工程生动性的风格特色。

不过,对于二手房屋装饰装修,也难以实现完全性的和式风格特色,主要在于材料的选用。除了极少数能够应用货真价实的日本国内天然材,或者在中国生长同日本国内天然材相似色调的天然材外,恐怕多数采用的是仿形的人造材,从装饰格调上很难达到真实使用成效,但从外形风格上还是可以实现的。然而,从现有的装饰装修实践中,大多数选择显示和式装饰风格特色,是用其所长,没有生搬硬套,以"拿来"做法,实现业主心意,本就是个很好的做法,值得倡导。如图 3-10 所示。

图 3-10　和式装饰风格特色

六、必显综合式风格特色

综合式装饰风格特色,是从装饰装修实践中发展起来的,可以说是一种创新风格。

从现有的装饰装修要求上,虽然划分出古典式、自然式(称田园式)现代式、和式和简欧式等多种有着自身独有特色的装饰风格,给予二手房屋业主体现个性特征和个个情趣选择其喜爱的装饰风格带来了方便。然而,从装饰装修实际操作中,做出的各不相同的装饰风格中,很难说没有相同之处的,这就为显示综合式风格特色提供了多种可能。同时,以中国住房装饰装修行业发展的角度上,必须解决局限于固有的几种装饰风格上,一成不变,很难做得到,也会不太可能,必然会有所突破,出现每一种装饰风格的工程中,有着其他装饰风格长处的应用,体现出"你中有我,我中有你"这种状况是"寻常之事",有利于各种装饰风格长处的发挥。同时,随着广大二手房屋业主对装饰装修行业的深刻认识和需求的不断变新,又由于科学技术和装饰材加工业的进步,装饰材生产的不断更新,不会局限于现有几种装饰风格,必定要求有新的装饰风格特色产生,以适应新的变化和业主的需求。再则,装饰装修行业要发展。从现在的竞争激烈的状况下,也会出现应用变化手段来取胜的。有竞争,必然会引起变化。要变化,就得寻找变化的机会。除了从现有的装饰风格上去完善和做出变化外,应用综合式风格特色做法,就是一种不错的选择,寻找到的良好途径。

针对二手房屋装饰必显综合式风格特色,就是要善于将各种不相同装饰风格特色,有机地组合成一体,取各所长,克其所短,按照各种实际和业主的要求,做出让业主喜欢和欣赏的新装饰风格来。这种情况在过去的装饰装修实践中是经常出现的,表面上选择着某一种装饰风格,由于业主的所求,实际上只是保留着选择风格主要特征,而其他方面则将多种装饰风格的优势都融合进来,形成一个很适合业主心愿的装饰效果。对于这样一个综合式风格的装饰装修成果,只是在装饰从业人员主观上没有意识到,更没有认真总结经验和有意识地归纳出新的,即综合式装饰风格。例如,二手房屋业主选择简欧式装饰风格,却因为家里人有不同的情趣和喜爱,在其独用的书房装饰风格上,选择了中式风格,家具也一应配置中式风格的家具。这样,整个装饰装修风格形成两厅和主卧是简欧式风格,书房是中式风格,实现业主和家人的各有所愿。还有在一间客厅里,有平开门、推拉门,墙上挂着中国的字画,地面上却摆放着意大利式的沙发和现代式茶几。这种装饰风格和配饰特色,在业主感觉中很惬意,就需要给予认可的。

对于二手房屋装饰必须显示综合式风格特色,并不是简单地将不同的风格随意地组合在一起,而是要从色彩调配,功能应用,造型选择和材料选配,以及家具配备和后配饰上,都是需要下功夫,会配合,做出巧妙谋划设计的。特别是在工艺应用和色彩调配上,做到协调和谐和有特色,切不可生搬硬套,不伦不类,就达不到综合式装饰风格特色标准,实现不了新的装饰风格创造要求的。

从表面上看,综合式装饰风格不具有特色,显然是不准确的,只能说是一种不定型和没有确定的。而其特色是很丰富和多样的。关键在于针对每一个装饰装修工程如何把握其特色。其装饰风格特色,有多重并举,一主多样和多形多色等,会给予二手房屋装饰风格,引向无限生机和广阔的前景中。要做出好的成效,还真不是一件容易的事情,需要在实践中摸索到规律,善于总结提高,方见成效。同时,要从主观意识上充分感受到综合式装饰风格的优越和优势,又能将业主的主观意愿巧妙地融入进去,加以综合提高,致使这样的装饰装修能见新风格,新式样和新效果,成为业主普遍青睐的新颖性装饰特色,在激烈的市场竞争中,为创新者带来好运。如图 3-11 所示。

图 3-11　综合式装饰风格特色

第三节　二手房装饰必变功能特色窍门

二手房屋装饰,必须改善居住条件和变化使用功能,才是真正达到其基本目的,让业主一目了然地清楚看到装饰成效,深刻感受到居室功能特色,充分体验到鲜明客厅、靓丽餐厅、和谐卧室、典雅书房、实用活动房、智能厨房、独立客房、方便卫浴、“点睛”玄关、情趣走廊和功能阳台等,使业主充满无限感慨之情,心满意足地体会到装饰装修给予二手房屋带来的巨大变化,使业主的意愿得到真正的实现。

一、必变鲜明客厅功能

客厅,是每个装饰装修项目最关注和最关键的居室公共活动区域,经过装饰能使其外观和使用要求变得符合业主的心理所愿,具有着鲜明的特色,使用功能觉得方便和舒适,能够做到动静有序,间隔条理,布局适宜,采光合理,通风舒畅,色泽协调,眼感舒服,亮点凸现,就有可能使得这一"脸面"之处达到业主心求的标准了。

一般情况下,客厅是二手房屋装饰的重中之重,能在居室生活中发挥核心区域作用,必须按照业主的意愿做好装饰功能,确保品质和品位。从整个房屋装饰的愿望是先保实用,再谈美观。而具体到客厅的装饰装修,却是先要美观,再要实用。实际上,客厅的装饰,既要美观,又要实用。对多数业主来说,实用比美观更重要。从这个矛盾的感觉中,可见客厅装饰的不好把握,容易出现纷争和闹出矛盾。因为,客厅是居室使用的公共区域。实用是业主及其家人的感受。美观,不但是业主及其家人的感觉,而且是亲朋好友和观赏者的共同感觉。客厅装饰有了众人的好感觉,使用起来也就顺畅多了,即使在实用上存在着一些不足,都有可能被众人的称赞淡化和忽略去。

要使客厅装饰变成鲜明而又美观功能效果,就必须从有个性特色、重点突出和布局合理等方面,将业主的意愿合情合理地融入进来,变化成装饰成果,会先给予其心理上很大的慰藉。从以往的经验上,二手房屋装饰,业主对于客厅功能变化是寄予很大期望的,能将其审美品位和生活情趣尽量地反应出来,体现出个性特色和独有特征。尤其是有的业主审美能力很强很讲究个人生活情趣,在房屋装饰装修上,也有着自己独到的见解,能够通过装饰造型、色彩和布局等方式,清晰地将自己的意愿表达出来,给人一个鲜明而又强烈的感觉效果。针对这样的情况,装饰从业人员就要很认真地照着去做,应用装饰手段明确地体现业主的个性特征。这样的客厅装饰,才是业主最喜欢的"真特色和真风格"是最好的客厅装饰。因为,特色和风格,即装饰装修中所表现出来的造型、图案和色彩等,都是围绕着业主的喜好和情趣进行的。如果脱离了这一基本要求,就很难达到满意要求。同时,由于客厅处于家庭活动的最频繁和最显眼的区域,相对空间面积最大,呈开放性的,所以,其装饰外形美观和解明性,必须实行重点凸现功能做法,才会有所建树,给人留下深刻印象。却不能影响到使用功能的实际效果。客厅装饰必须变成鲜明的外观功能成效,一般是有针对性做好"主题墙"。主题墙主要是指客厅最引人注目和看重的一面墙,即常说的电视背景墙。如果能将这一面墙充分地反映出业主的意愿和情趣,装饰成"点睛之笔",就会给客厅,甚至整个房屋居住和使用品质及品位,提升上来,达到最佳的装饰成效。

针对二手房屋的客厅装饰,改善其使用功能,成为有鲜明和独有特色,是否需要做吊顶、造型、涂壁和其他装饰,则必须依据实际情况和需要妥善做好布局及安排,不能影响到装饰格局、采光方便,通风顺畅和使用适宜等功能。要有良好的视觉效果,不能出现杂乱无章的状况。如果业主对客厅有着动静有序,呈现"动"中有"静"的装饰要求的,就要千方百计地按照这一使用功能要求,做到井井有条,确保其意愿完全实现。例如,在客厅靠近窗台区域,设计装饰做一个品茗休闲的台面;或者在一隅做一个特殊的架台,供业主的小孩读书写字之用等。如图3-12所示。

图3-12　必变鲜明客厅功能

二、必变靓丽餐厅功能

餐厅,在二手房屋装饰中,是仅次于客厅的居室公共活动区域。现实中有不少的餐厅同客厅空间是连在一起的。如果将客厅装饰成具有鲜明功能特色的,餐厅装饰最好能呈现靓丽特色功能形的,就会给整个房屋装饰锦上添花,更具高品位了。

餐厅比较客厅装饰,更具有灵活性和现实性,其靓丽的呈现,不局限于主题墙,可以从灯饰、造型和墙面、顶面及地面的色彩上,都能体现出来。最重要的是从色彩靓丽,灯饰柔和与配饰独特等方面,做得有声有色,有光有彩和有条不紊等,便能够凸现出靓丽餐厅功能。

二手房屋的餐厅位置多同客厅连在一起,又多与厨房紧邻,这样,给予餐厅实用创造了便利条件,却给予餐厅装饰带来了"两难"状况。由于餐厅装饰要同客厅搭配协调,又不能超过客厅而造成"喧宾夺主",过于靓丽,显得很适宜,以体现从鲜明夺目的客厅,过渡到有靓丽特色的餐厅,会给予使用者食欲有着良好的提升,心情处于平和状况。装饰应用温馨色彩是使餐厅靓丽的基本条件,也是影响就餐者心情平和的关键。同时,餐厅显现出靓丽实用功能,又需要与厨房装饰相协调,从色彩、造型到配饰不能出现悬殊,要基本上有相近的感觉,尤其在色彩上不能相差太远,发生反差过大现象,才有利于装饰协调,呈现和谐局面。

要使餐厅装饰既适应于客厅,又适宜于厨房,还不失于靓丽特色成效,其应用的色彩必须显得明朗轻快,最适合用的是橙色系列色调。这一类色彩有着体现温馨和靓丽的感觉,能刺激食欲的提升。除了在墙面使用这一类色彩外,就是应用光源来体现。如果墙面涂饰橙色彩,则采用柔和的白炽光亮;假若墙面涂饰白色面,就应用飘逸的橙色光亮,再配以相类似的家具和布艺呈现出来。色彩搭配必须协调,使用合理,显得很重要。例如,墙面涂饰,或者粘贴的墙纸为橙色系列色彩,其灯光就不宜使用橙色系列的,必须配装白炽灯光;假若墙面为白色的,就可采用橙色白炽灯照,以用灯光来映照出餐厅内靓丽视觉效果。还有是应用灯饰光,或者运用配饰品来呈现餐厅的靓丽功能。比如配置的餐桌、椅子等家具和窗帘、桌布合理搭配。如果家具色彩较深时(深红色),便搭配明快清新的淡色桌布来衬托。

除了从色彩装饰使得餐厅变成靓丽功能效果外,还完全可以应用其他装饰方法做出靓丽餐厅效果。例如,选择现代材做木饰造型,或者是给予墙面做壁画和顶面做色彩装饰(主要选用有靓丽特色的金属材吊顶)。这些装饰都不能影响使用方便性。使用方便主要是针对进出厨房要便捷,不能发生任何障碍的感觉。同时,与客厅要有着相对独立空间的形式和使用感觉。如果是餐厅与客厅连成一体的状况,则通过装饰方法人为地给予餐厅留有一个相对独立空间,才有可能给予其变成靓丽成效的机会。比如,利用吊出不同式样顶面造型;或者给予地面镶铺异样色彩的地砖;或者给予墙面涂饰不同色彩和粘贴特色壁纸;或者是做隔断装饰造型等,明确地同客厅得以划分清晰,才有可能突出靓丽餐厅功能。不然,就不容易做到这一点。如图3-13所示。

图3-13　必变靓丽餐厅功能

三、必变和谐卧室功能

卧室,主要是指主卧室。在二手房屋装饰中是很重要的,关系到业主睡眠休息和储藏物品的大事,还影响到其心理状态,同客厅装饰有着同工异曲的要求。实用是首位的事情,又让业主视觉上感到满意,即实用和美观二者必须兼顾。从装饰色调到造型,以及灯饰到后配饰家具和布艺,要实现一个和谐的氛围,才能达到卧室居住使用功能要求。

作为二手房屋装饰,一般业主的意愿,主要反映在公共活动区域,必须给人以美观和有特色的感觉,私密使用区域则要给予实用和舒适效果。卧室是私密使用和物品储藏的重要区域,既给予业主及其家人睡眠休息的地方,又是夫妻情感交流和物品储藏的场所,必须隐秘、安静和安全,还有条件好一点的是主卧和主卫连在一起,有着洗漱和便溺等辅助功能。在装饰谋划设计到选材用材,再到色调配备和后配饰上,都应当围绕着和谐卧室功能这一基本要求进行。但绝对不能违背业主的意愿,要以业主感觉自我良好来做。从装饰装修角度选择,从色调上,有必要确定一个主色调,以偏暖色调为最佳,其他配色以围绕这个主色调来开展。卧室面积大和面积小的,还要注意分别情况确定装饰色调比较好一些。像面积大的,在确定主色调后,如果是鲜亮的,其他配色就要淡雅或者浅一点,不然,就有可能造成视觉面积缩小,带来心理压抑感。同时,色彩不能太多,会给予视觉上造成杂乱的感觉。

卧室的装饰造型也不能太多,只适宜"点睛"的做法,才会呈现出和谐功能。如果针对卧室面积小的,装饰色调便不能采用深色泽,只能配以暖色调和淡雅风格。假若业主是年轻型的,喜好刺激性和快感性,便可以选择新颖别致,富有欢快气息,轻松感的色调和图案。在卧室装饰色调上,无论是光线好否,切不宜选用蓝、绿和黑等冷色深度型系列色调,会容易造成卧室不和谐功能的出现。

要使卧室装饰装修变成和谐功能型,还有一个重要方面在于注意到其使用功能,要体现出实用,不能出现杂乱无章的感觉。在装饰装修上,需要紧紧围绕着储藏有序,摆放整齐,隐秘可靠,使用方便等功能来做。一般情况下,以简洁、轻便和实在的风格为主,由业主自我感觉良好为目的,将储藏和摆放功能使用什么方式处理,使其最显方便成效。居室家具适应确定位置,不出现碍眼和影响行走通道及使用功能。卧室顶面和墙面大多不做造型或吊局部顶的装饰,以后配饰来装点和填补缺陷。有讲究的业主,则在床头那面墙面上,以点缀方式做适宜的造型,以满足业主心里上的和谐感。

装饰卧室必变和谐功能成效,更重要地是,做到私秘性要好,才能真正体现出有意义的和谐功能。否则,会是最大的不和谐状态。因为,卧室的实用和美观,大多是由后配饰来确定的,而不是靠装饰能确定好的。卧室装饰最好不要出现差错,或者闹出笑话来。例如,二手房屋要显示隐秘和安静功能,就要在大门和窗户,以及窗帘装饰上把好关,不能采用透明和封闭不好,或者不牢靠的做法,一是将卧室大门装配透明玻璃形,或者毛玻璃形状;二是窗户安装不牢固,一有风吹雨打,就发生颤动的声响,让人睡觉休息出现不安的感觉,与和谐氛围就有些背道而弛了。

同样,卧室灯饰配装不能过大和出现太过明亮及刺眼的问题,也会影响到业主对卧室使用感觉。如图 3-14 所示。

图 3-14　必变和谐卧室功能

四、必变典雅书房功能

从某个角度上,二手房屋的书房装饰装修,是给予业主带来优美大方而不俗气的氛围,以调节居室气氛的,又是显示业主爱好和情趣的。通常情况下,房屋居室装饰,有呈现热闹靓丽气氛的客厅和安静隐秘氛围的卧室,其反差性显得太大和太过明显,为调节居室和谐成效,就来一个显现温文尔雅和呈现气质效果的书房,既是作为业主自我感觉温馨,又是给予家人和外来者又一欣赏的场所,会进一步提升装饰品质和使用品位作的铺垫,让业主及其家人享乐其中。

书房,本是一个修身养性,自我调节生理和心理的好场所,又是业主读书、写作和家庭办公的雅间,还是不少业主用于身份作派的地方。为此,在装饰装修上,以展示雅致为主要目标,把业主的爱好和情趣充分地呈现出来。不仅从装饰风格上选用高雅、华贵和庄重的做法,选用家具和配装灯饰,以及做后配饰上,都是围绕着这一作派进行,致使书房使用完全超出了原有的用途。书柜本是用于藏书的,却又多用于摆放工艺品和收藏品,藏书没有多少册,藏品占去书柜大部分空间,业主的用意是在显示自己的富有身份。针对这一类情况的书房装饰装修,必须要变成典雅实用功能,不然,是难以产生作用,达不到业主意愿要求的。

要使装饰改变书房成典雅功能形状,先要从"雅"字入手,再体现出"序"和"优"的状态。雅,即规范和雅致。书房装饰要体现出规范和雅致的状态,就要从布局、灯饰到书柜,以及书桌式样,摆放位置,一定要给人一种气势来,即使是摆放电脑的桌面也要大一点,宽一些,不能成小巧式样。尤其是主灯饰选择,必显高雅，而不是平淡的。接着在后配饰上增添字画和珍藏品、艺术品等，藏书也多为精装类，以凸现业主修养、情趣和爱好。

从书房装饰到后配上，要呈现"典雅"功能，显现"序"的成效很重要。序，即次第、排列，做到整齐有序和整洁庄重的程度。从书柜、书桌到坐椅的装饰排列，有必要按照业主意愿有序地做好安排，呈现井然有序状态，不能出现杂乱无序的感觉。除了一般性业主的书房有次序地排列工艺品和书籍外，对于大都市里藏书很多的业主，还要注意到装饰上为其藏书分类有序之用，以此确保书房使用的典雅效果。

再则，书房装饰呈现典雅功能效果，就是要显示"优"的成效。优，即优良和优越感的体现。书房的使用功能，主要是用来读书、或者写作，或者办公，或者练习字画，以及思考问题，修身养性，藏书，陈放工艺品等的雅间，没有好的条件是达不到要求的，除了选用采光好，通风畅，远离客厅和餐厅公共活动区域的独立房间外，要选用隔音和吸音效果好的装饰装修材料，做到封密性强，不能等同于一般的居室装饰来做，既要保持良好的自然采光和通风条件，又不能轻易的让室外噪音和尘土进入室内来，充分地显示出清静优雅的使用功能，以保证书房的使用成效。

此外，给予装饰的书房能呈现出典雅功能效果，还需要在后配上下点功夫。选用的家具必须同装饰风格保持一致性；选购的窗帘和门帘一类的布艺，能起到隔音挡风防尘的作用，墙面上有着字画之类的装饰品，致使书房内显现出书香气浓浓的，让人一见就有着几分求学、读书、品文和文雅起来的欲试感。能完全沉浸于一个求知若渴的氛围中。如图 3-15 所示。

图 3-15　必变典雅书房功能

五、必变实用活动房功能

活动房，主要指的是从事文娱活动、体育锻炼、舞蹈和乐器练习等使用功能的居室。使用装饰要求做到具有实用功能效果,就要根据实际使用功能不同有所区别的。如果是做从事娱乐活动,或者作为电脑房使用的,就有着不同使用功能作用;假若是做从事体育锻炼、舞蹈和乐器练习的,各个实用功能要求又是不相同的,必须与业主的意愿相一致,并结合实际情况,做相适应的装饰布局、谋划、设计和施工了。

一般情况下,二手房屋安排活动房装饰要求,都是做综合性使用的。如果是做文娱活动室和体育锻炼使用,按照其功能,就要以简洁、实用和牢固经用,便于自然采光和通风方便为主,不必做吊顶和墙面造型的装饰装修,将重点安排在地面装饰上要做好。如果讲究做出特色,则利用壁画方式来渲染一下气氛。地面装饰,最好选择镶铺木地板,其次为复合木地板,使用起来方便和具有弹性。如果是作为多用的活动房,便可以采用落差方式,以居室的一半或者三分之一的面积,做成榻榻米装饰形状,即使居室地面有了变化,也可满足文娱活动、体育锻炼,学习舞蹈和乐器练习等活动的需求。不过,地面落差装饰要牢固结实,便于活动不发生意外事故。

假若是将活动房作为电脑房功能使用,就要注意做到同书房装饰装修相近的做法,还要注意到电脑使用具有的独特功能要求。电脑操作使用作为现代高科技的设施,其要求居室内使用功能环境和条件是很讲究的。装饰装修从谋划设计到选用材料和施工要求,必须选用现代格调,以富有现代感的复合材料作为用材主选,色调以灰色和灰蓝色为电脑桌和存放物件架子外观的主色调,以显现宁静的气息。而最重要的是给予电脑房的装饰装修,既要注意到自然通风性能要好,又要使其密封性更好,防止过多的灰尘进入电脑里,影响到其使用寿命,要求门窗要有最好的密封性。因为,灰尘多,容易产生静电,对电脑使用会造成严重影响。除地面装饰选用防静电的地板材外,墙面也需要涂饰防静电的涂饰材料,或者涂饰乳胶漆,千万别应用地毯之类的材料。地毯类材料容易吸尘和积累脏物。特别是化纤类的地面和墙面装饰材料,还容易产生静电。虽然,静电对人体不产生直接危害,却对电脑操作会产生一定的干扰,可能会引起软件损失,或者信息储存不正确的情况。同时,静电对敏感的仪器,可能造成致命的危害。所以,要选用产生静电少的装饰材料做装饰,并且应用正确的工艺做法,不能给静电产生制造可趁机会。

使用电脑操作的居室,对室里温度要求也比较敏感。最好对装饰的电脑操作房内的使用功能温度,能做明确控制在 20℃ 至 30℃ 之间,才能有利于电脑的正常使用。其湿度也要能做到准确控制的适当范围内。湿度过小过大都不利于电脑存储电量的释放,也容易引起产生静电,有妨碍电脑的安全使用。其湿度最好控制在 40％至 70％之间。因此,这样的活动房装饰要利于干燥和防潮。一般是以安装空调进行调节湿度和温度,以便使电脑操作的活动房使用功能达到标准要求。如图 3-16 所示。

图 3-16　必变实用活动房功能

六、必变独立用房功能

所谓独立用房,主要说的是二手房屋装饰的居室,除了主卧室外,还有根据不同情况,做出老人房、女性房和儿童房等具有独立特色的居室装饰谋划安排,就必须针对不同居室使用功能,做出相适应的装饰装修要求,而不能千篇一律,要有着相应的独立特色和个性特征,以能显现出独立用房功能的使用要求。

针对二手房屋老人用房功能的装饰要求,应当以适应老年人生理到心理需求,作为独立特征做成效的特殊布局,才可达到其使用功能标准。人到老年,从身体状态到心理承受能力,都不如青年和壮年人,睡觉功能减弱,行动功能减缓,思维功能变慢,需要非常安静的环境,平稳安全的居室条件。给予其居室做装饰装修,就要以这些基本特征为依据,做好隔音防吵的密封性安排,选用隔音防尘好的材料做装饰,居室外形看似简单,既没有造型,又没有吊顶,却有着好的隔音条件,空间也显得实用,没有压抑感。在灯具和家具选用上,也很适宜于老年人独立使用。照明灯具不显大却光亮好,灯饰光柔且不刺眼。家具尽量不占用空间,没有实用棱形来影响到老年人的使用功能,即使不小心碰上也不会造成伤害,桌椅和床铺的高低搭配都很适宜,使用起来都觉得很方便。地面装饰最好镶铺木地板或者复合木地板,以脚感好,能防滑,摔倒不伤身等优越性,符合老人使用功能要求。居室装饰色彩要显得淡雅和平和,是老年使用者喜欢的色彩,不能采用过于刺眼和强烈的色彩,是适合老年人心情平稳和有利于帮助消除疲劳感。这样的装饰装修选择,是能适宜老年人独立居室使用功能要求的。

如果是做儿童独立居室功能装饰时,要使这种装饰适合于儿童独立用房功能要求,就应当依据儿童好动的特征,爱美爱漂亮的个性,将这一类居室装饰,既要把保证安全作为重中之重,又要做出儿童喜欢的美观色彩来。由于儿童缺乏自我保护意识,却又好动,为防止意外事故发生,除了必要的储藏柜和床铺外,其他家具都不要在装饰装修中做,以便留有足够的活动空间供儿童活动使用。地面以柔软和富有弹性木地板镶铺使用最佳,不要留有碰伤身体棱角和突出部位,墙面和顶面装饰尽量简单,不要做粘贴布壁纸之类的装饰。由于好奇和好动的原故,儿童会对这些装饰乱撕乱画,造成不必要的装饰破坏,就不适宜于儿童房独立使用功能要求了。

必变儿童房独立使用功能,装饰选材要求选用环保健康型的,最好是天然材料。如选用天然木材、竹材、藤材和棉麻材料等,对成长的儿童不会造成任何污染和伤害。但选用石材却不宜是天然的,人造石材比较天然石材相对辐射较少,更环保安全。

儿童天性多爱漂亮和有个性,在装饰色彩选用上,要多征求其意见,选择儿童喜欢的色彩和图案,不能由业主包办,会达不到独立儿童房使用功能要求,还有可能出现厌烦心理状况,对于儿童心理和生理造成不利影响,就不符合独立儿童房使用功能要求,是算不上成功的装饰了。

必变女性独立用房功能,是指经过装饰装修后的居室使用功能,符合未婚女孩爱美爱艳特征要求。这只是普遍性的特征要求,如果要适合于个性特征,还得征求本人意见,尽量按照其个人意愿做出特色装饰装修。例如,有的女孩爱新潮和浪漫,就要依照其个人要求,将装饰做得新潮和具有浪漫性。不过,浪漫性是动态型的,就要针对当时当地和个性主张的新潮及浪漫来做装饰装修,以达到个人的要求。同时,注意留有空间和"留白"做法,为符合女性独立用房功能,在后配饰上作补充布置留有余地,以实现其所喜爱的潮流和浪漫进一步地营造氛围,创造有利条件。如图 3-17 所示。

图 3-17　必变独立用房功能

七、必变智能厨房功能

厨房,在居家生活中,占有很重要的位置。其原因是,中国人对吃非常重视,厨房的使用率很高。作为二手房屋装饰装修,厨房不仅要美观,而且要使功能变成智能型,确保使用安全和轻松。

智能是将智慧产生的行为和语言能力表达出来形成的功能。这里的智能型,主要指使用智能家电。智能家电,是指微处理器和计算器技术引入家电设备形成的家电产品,具有自动监测自身故障、自动测量、自动控制、自动调节和远方控制中心通信功能的家电设备。分有单项智能型和多项智能型。单项智能家电只有一种摸拟人类智能功能。多项智能却有多项摸拟和自控智能功能。为使厨房装饰装修适应这一要求,就必须从操作方便,采光通风要好和确保安全等方面打好基础。

厨房装饰装修必须变成智能型功能,不仅仅是将电冰箱、微波炉、洗碗机、烤箱和消毒柜等各种电器简单地融入其中,更重要的是提高人性化厨房管理和使用,减轻操作者的劳动强度,实现省时,省电、省力和操作轻松的目的。首先必须从装饰装修谋划设计上把好这一关,将炒菜做饭和烘烤、洗刷、存储等做出妥善安排,不能给顺序搞乱,是决定厨房操作方便和减轻劳动强度的关键。一般情况下,要处理好存储取食物的冰箱,洗涤食物的水槽和炒菜烹饪的灶台三者之间布局是否合理的关系。如果这三者之间的关系,在装饰装修时处理得恰如其份,就会缩短使用者来回走动的时间,减轻负担,操作起来方便。

从现有的二手房屋装饰情况下,厨房布局有多种形式,具体到何种形式,如"一字形"、"二字形"、"U形"、"L形"和"岛形"等,则要取决于各种不同形式的三者之间搭配合理与否,是至关重要的问题。还要根据操作者身高的具体情况,对操作台、灶台和吊柜等高度做出量身定做为好,切不可一概以平常通用的尺寸做装饰,就更适宜于智能厨房使用功能要求了。

其次在装饰装修时,要注意自然采光和通风的把握。厨房的自然采光和通风要好,对使用方便有好处。一般情况下,尽量以自然光和通风作业。如果受到条件局限,就要在装饰装修中,提高厨房的照明亮度和通风条件。特别是局部亮度要求较高的,有必要加装射灯,以增加照明使用效果。通风不好的,则要安装抽油烟机和加装排气扇,以保持良好的通风排气成效,有利于厨房装饰智能使用功能的提高。

再则是在厨房装饰必变智能使用功能时,要确保安全。安全是厨房第一要重视和保障的。主要在厨房面积不大,集电、火、煤气和水于一体,又有多种用电的智能家电，千万出不得安全事故。在装饰装修中，从谋划设计到选材用材，再到施工落实，都必须围绕着防火、防水、防潮和防滑等进行，不能有丁点马虎和疏漏。煤气管道同隐蔽水管及电线等不能并排，要严格按照国家相关标准安装，并且由专业人员组织施工和验收。灶具、抽油烟机和热水器等明处安装的设施，也应合理布局布置，同各种智能家电摆放不能出现任何混乱状况。不能影响到安全操作，更不能存有安全隐患。例如，热水器和灶具等使用煤气的装置，应按照相关规定要求进行安装，不能在布置管线上有冲突，要保持一定的间距，管线不能过长，还必须是明线使用。一方面有利于安全，另一方面有利于节约。厨房顶面和墙面装饰多采用防火材料，即利于清洁，也利于安全。如图 3-18 所示。

图 3-18 必变智能厨房功能

八、必变方便卫浴功能

同厨房一样，卫浴间在住家生活中，也是使用率高，要求用得方便、安全和舒畅。不然，会给生活带来诸多烦脑，是得不偿失的。

虽然，卫浴间面积很小，只有几平方米，却不比客厅和卧室装饰少费工夫、少操心。尤其是黄河以南广大地区，卫浴间的装饰越来越得到重视。除了讲究安全实用外，还越来越注意美观方便。主要在于现在购买的二手房屋卫生间的使用功能，从以往的洗漱和便溺外，普遍提升到洗浴、洗衣、洗漱和便溺等多项使用功能，由此，又增加了保温和晾晒使用功能要求。有的还在卫浴间里化妆打扮，必须分别出"干湿区"，条件比较好的，又将卫浴间分成盥洗和浴厕两间，做到互不干扰，互不影响，用得方便和安全。这是在做装饰装修时，装配隔断和推拉门，给地面做成落差，低处为浴厕间，即湿区；高处为盥洗间，即干区。干区大多用于洗漱和化妆及摆放洗衣用的洗衣机；湿区用于沐浴、便溺和晾晒衣物等，致使很小的卫浴空间发挥了大的作用，极大地方便了业主及其家人的住家生活。

要使装饰装修后的卫浴间变成使用功能方便和安全的，先要从水电隐蔽工程做出高质量开始，不出现任何渗水和漏电问题，水管排序和电线预埋完全按照国家相关施工标准进行,不存在任何的安全隐患;地面按照规定要求做好防水,特别是沐浴墙面的反面是卧室或者书房,布置做储藏柜和书柜的,其墙面做防水高度不能低于1.8 m。如今的多数二手房屋还分有主卫和次卫。主卫专供业主使用,次卫供家人和来客使用。卫浴间的装饰装修,既要注意到地面和墙面的防水、防潮和防滑外,还要注意到侧重使用功能的不同区别,主卫以安装坐便器和洗浴间,次卫安装蹲便器和洗浴笼头。保温和照明开关都要装配安全保护装置,不能让水浸入进去。假若要安装电器插座,也不能暴露在外面,必须做好安全保护,以便防止溅上水后导致漏电和短路事故发生。如果是使用燃气热水器的装置,不能安装在卫浴间内,必须安装在外面通风条件好的地方,确保安全使用。

同时,要使装饰装修后的卫浴间具有方便和舒适使用功能,一方面要保证谋划布局合理有序,不出现任何相互干扰和影响情况发生。另一方面要有良好的自然采光和人工照明,以及顺畅的自然通风和人为通风排气条件。即使自然采光和通风条件好,也要加装排气扇和防爆灯照明,不能在便溺和沐浴时,出现关闭自然采光和通风时,而出现尴尬和摸黑,以及无通风不畅问题。

卫浴间顶面做到简单方便使用,一般都选用铝镁等材做的专业性吊顶,安装的空间要适宜,保持空间高度不出现压抑感。

卫浴间的装饰风格和特色,尽量同整个居室装饰风格基本上保持一致,不能有大的区别。否则会让业主有不舒适感。由于卫浴间面积太小,在装饰选材上多用亮丽明快风格,可带来空间扩大的感觉,让业主心理舒坦些。如图3-19所示。

图3-19　必变方便卫浴功能

九、必变点睛玄关功能

玄关,是居室内与居室外之间的一个过渡空间。自古以来一直是住房装饰很看重的一个部位,既起着进入居室缓冲作用,又起着外面看室内的"脸面"成效,反映出业主文化气质和居室品位,给人是第一印象。同时,按照中国人的居住习惯和心理感觉,不能开门见厅,外人对居室内一览无余,有着不甚吉利的危害性。于是,玄关在二手房屋装饰中,有着保护居室安全和"点睛"的使用功能作用,不可以马虎对待的。

在二手房屋装饰中,要使玄关具有视觉屏障、缓冲、保温和"点睛"的功能成效,就要针对其使用功能特征,做出既要耐用,又要美观的效果,充分体现出业主的人文气质和特色,必须要花一番心思和下一些功夫,才有可能达到目的。一方面需要按照业主的意愿,做出的玄关装饰要以实用为主,还是要以美观为主,都需从实际要求来确定。实用为主,就是在当人在跨入大门之后,能有着换鞋放入柜内,脱衣挂上衣钩,或者是接受邮件、搁包和停歇整理等使用功能。美观为主,则是让装饰后的玄关,起到视觉上好看和屏障成效。

做玄关装饰,要求变成"点睛"功能作用,就有依据客厅和大门相距的实际状况,做出不一样的布局和布置的。例如,有的客厅在打开房门时,有一个过渡空间,而有的是开门见厅。针对有过渡空间的大多做成实用形玄关,利用顶部灯饰起"点睛"成效。开门见厅的玄关装饰,就分有实用性玄关,是将玄关部位做成柜架式、低柜隔断式等,有着实用和美观的双层作用。美观性玄关,是将玄关背景做成半隔半敞式,将背景隔断的下面部分做成不通式,上面部分做成通透式和朦胧式,也有利用玻璃材做成透明式和朦胧式的。透明式是将透明玻璃上做成各种艺术造型,凸显漂亮和透亮;朦胧式是利用磨沙玻璃的平面上做各种艺术刻花和艺术画,很有观赏性,却不显透亮,内外观看都有模糊感。这样的玄关装饰,是充分地体现业主意愿,给予整个住家以"点睛"成效。

要真正使得玄关装饰变成"点睛"功效,主要还是要依据整体装饰风格,选择不同装饰特色、色彩和材料,以及做出不同的造型,结合灯饰辅助作用展现出来。由于大多数居室玄关区域,在做成功能背景装饰之后,自然采光并不是太好,给人的感觉显得不明朗,难以一目了然业主人文气质和居室品位。为改变这种"点睛"不爽的情景,就在玄关装饰上方,或者上部空间顶面配装漂亮的灯饰予以弥补不足,既起到亮丽玄关的作用,又改变玄关采光形式,使得玄关"点睛"不明朗状况妥善解决。特别是针对有的装饰能充分地利用现代灯饰的优势,将玄关装饰照得富丽堂皇,熠熠生辉,致使玄关景色格外引人注目,让人立即联想整个装饰的华贵和时尚品位。充分展现出玄关"点睛"作用。

必变"点睛"玄关使用功能成效,就是通过玄关能清晰地了解到整个装饰风格,即俗话说的"窥斑见豹",由玄关装饰成效便能看到整个装饰成效,实在不失"点睛"作用美称。例如,在玄关装饰中,运用了雕花玻璃,喷砂采绘玻璃和镶嵌玻璃等,给玄关装饰带来了简洁、干炼和美观的装饰效果,又增加诸多情调,由此从玄关装饰就感到室内装饰不同凡响,成为高品质和高品位的现代装饰。如图3-20所示。

图 3-20　必变"点睛"玄关功能

十、必变情趣走廊功能

走廊,在二手房屋装饰中,有着承实接虚,动静衔接,充分体现装饰风格,给予业主及其家人无限情趣。走廊,在居室中,只是起着连接作用的过渡区域,其使用率是相当高的地方,无论从活动间到安静间,从客厅到卧室,或者是从卧室到书房等,都离不开走廊的转换和过渡功能,低头、抬头、左转、右转、前进、后退,都会看见和体验到走廊的装饰风光,其装饰的好否,给予业主及其家人的情绪,或多或少有着影响。若是走廊能变化成情趣功能,会给予整个居室装饰带来无限感慨的。

要使走廊变化具有情趣功能,需要在给予其墙面,顶面和地面等装饰中,按照住家装饰风格要求,将业主的意愿尽情地展现出来。在走廊尽头墙面上做着各种各样的造型,以艺术类、壁画类、涂饰类和装饰类等方法,尽显业主文化品质和兴趣品味。同样,在做一般性装饰装修后,应用后配饰方式,在墙面上悬挂各类饰品,名画和雕塑物等,任由业主按照事先谋划设计的要求,尽情地布置;或者是在走廊尽头的墙面上悬挂穿衣镜,使之成为业主和家人及来宾领略自身风光的真实写照,显得实用而又有格调。在地面镶铺情趣很浓的装饰瓷砖,既能作为各居室间、客厅和餐厅区域划分作用,又能作为地面装饰情趣变化,活跃装饰风格。由于走廊使用频率高,在选用材料时,应当是质量最好和耐磨耐用的。墙面的装饰,是最能体现情趣走廊功能的。可以各式各样色彩和造型及灯饰来凸现业主的情趣爱好,品味特色。在顶面的装饰,同地面一样,既可作为各动静区域分割的装饰效果,也可为整个装饰风格活跃气氛,利用顶面装饰机会,做艺术吊顶,应用各种几何图案,把顶面做得更有情趣,与客厅电视背景墙形成鲜明比较成为又一个靓丽区;或者是做出同客厅靓丽点相协调的造型,将靓丽点引伸到居室内的过渡空间去,给予业主和家人及其来宾情趣回味深刻和良久,提升对整个装饰品位感觉。

同样,利用走廊有限空间的装饰,致使变化成情趣走廊功能的基础上,也能使得走廊变化成实用性很高的双重目标。在上部空间安装吊柜,做为储藏物品使用;或者利用入口处做成梳妆台、挂衣架和放置杂物柜等。给予走廊又增添了一道美丽的风景线。值得注意的是,走廊装饰转变其使用功能,应当根据走廊宽窄的实际情况,作出切实可行的布局和布置,选择适当的色调。最好不要给装饰做得过满,色调选择不要绿、青和灰色等一类冷色调,会给予狭窄的空间造成拥挤和压抑感。吊顶不宜过高,过高会带来不舒适感,而灯饰和光亮应尽量做得丰富和亮丽点,可利用灯饰光色彩变化增添无限的情趣来。如图 3-21 所示。

图 3-21　必变情趣走廊功能

十一、必变多样阳台功能

二手房屋阳名,分有内阳台和外阳台。即称嵌入式和转角式内阳台;悬挑式为外阳台。其作用是使住家者直接接受阳光,呼吸新鲜空气,晾晒衣物,摆放盆栽和进行户外身体锻炼,观赏外景,或者纳凉等。一般居室分有主阳台和次阳台。同客厅和主卧室相邻的为主阳台,其功能应以休闲健身为主;次阳台与厨房,或者同客厅、和主卧室以外的居室为邻,主要使用功能是储藏和晾晒,或者是当厨房使用,称为生活阳台。阳台的装饰装修,应当依据业主意愿和需求来做,使之能变成为多样使用功能阳台,是个很不错的装饰想法。

作为二手房屋装饰装修,能给予阳台变化成多样功能型的,就得充分利用阳台本来有的优势,依照其不同使用功能加以完善,致使作用发挥更好。例如,主阳台本是用于休闲和健身使用功能的,在装饰中,选用现代装饰材铝合金和塑钢型材等,将阳台封闭起,虽然削弱了直接与外界接触的感觉,却没有失去原有功能使用效果,倒是给人有一种扩大居室实用面积的体验,可以利用采光和通风比其他居室更好的空间优势,用于读书、健身和品茗,给予使用者会有着更好的感觉。如果是家庭人口多,住家面积不够用,将封闭好的阳台,作为一间卧室使用,能给予业主居室生活增添了遮尘、隔音和保暖及防风的成效。特别是在海洋边岸和风沙气候常有的区域,完全能为主卧室和内居室,或是客厅、餐厅和厨房阻挡风沙、灰尘、雨水和杂物的直接侵扰,为业主及其家人减少了诸多的烦恼。封闭的阳台还可作为不错的储物空间使用。当然,在条件允许下,阳台装饰最好不做封闭式。从地面、墙面和顶面做着丰富阳台观赏性的造型,或者做有针对性的装饰装修,更有利于阳台功能作用的发挥。例如,将阳台依据整体自然式装饰风格做出来,地面镶铺成田园美景式,或者在后配饰上做成养花植草的小花园。这样,业主及家人可以足不出户,就能欣赏到大自然的美丽色彩,呼吸到清新且带有花草青香的空气,更是美妙之极。

必变多样阳台功能,封闭阳台必须注意安全性。因为,大多数住家阳台结构并不是为承重设计的,通常每平方米的承重不超过 400 kg。所以,在做阳台装饰装修时,一定要注意到这一实际情况,不可作超负荷使用,以免造成安全隐患。特别是针对悬挑式阳台,居室和阳台之间有一道墙,千万要注意到这道墙拆与不拆的关系,以确保居住安全是首位的,切不可为扩大丁点面积和使用方便而造成安全事故。同时,以封闭阳台做多样性功能使用,还是要注意到阳台的装饰质量。由于阳台的"凸"处位置,在抗击自然危害中,比较居室内其他门窗的力量要大得多。装饰选材要保证质量,安装要牢固稳妥,并要做细部认真检查,封闭要结实,不能让风害、雨害和雪害轻易地侵入。做封闭阳台地面,最好做防水处理和排水装置。特别是用于洗衣和晾晒及食物储藏使用的,必须做好地面防水处理,不然,会给予业主造成诸多麻烦,就不具备多样阳台功能条件了。如图 3-22所示。

图 3-22 必变多样阳台功能

第四章 二手房装饰谋划窍门

要做好二手房屋装饰,有了策略上的把握,还要针对每一个工程和每一项工序,甚至是每一间居室及每一点装饰技艺、色调配备,材料选用等,都要做好谋划。谋划,就是筹划,出主意,想办法。这样,做出的装饰装修效果更有把握,少出差错,特色突出,新颖独特,成效明显,能给人印象深刻,每一个工程展现出不同风格,令人刮目相看。主要反映在二手房装谋划的意义、谋划的要领和谋划抓关键等,充分体现出谋划的重要性。

第一节 二手房装饰谋划意义

二手房屋装饰同"一手"商品新房装饰有着明显的区别,主要是旧老房屋同现代商品房屋,在面积、形状、结构和材质等方面都有着差别,而装饰理念和要求,则处在同样一个趋势发展需求上,赶超新潮流,适应新时尚。面对二手房屋的先天条件不足,不进行精心和精妙的谋划,恐难如业主心愿,给装饰行业造成极不利的影响,还有碍于装饰工作的开展。所以,不能像"一手"商品新房装饰那样,实施设计、选材、施工和验收几个环节,还必须先要做出认真细致的装饰谋划后,才能进行装饰装修正常程序。为做好装饰谋划,应当注意处理好谋划对装饰的要求、谋划对装饰的作用、谋划对装饰的成效等,充分体现谋划意义。

一、谋划对装饰的要求

二手房屋装饰的目的,是遵循业主的意愿,针对房屋实际情况,给予居室空间重新进行分割和划分,使其布局更为合理。或者是将相邻的两套小面积房屋打通合并成一套住房,对居住和使用功能做有效分配。同时,对原有设施进行更改,并且运用各种装饰方法,巧妙地应用现代装饰材料,有效地进行组合成各种装饰造型和家具,以及应用各种色彩和灯光,或者是应用后配饰手段,变更居室面貌,更新各类设施,致使二手房屋更适宜于居住和使用要求,实现更新房屋目标。

更新,是指革除旧的,变为新的。说起来觉得很简单和轻松。如何更新和落实到实际中去,就不显得简单和轻松,往往需要作深入细致的调查研究,摸清情况,做到心中有数,才有可能产生主意和想出办法,做出行动方案。这个过程就是谋划。从这个意义上,谋划是更新行动的前提条件和准备工作。二手房屋装饰更新,必须要先做好谋划。主要在于二手房屋,大多数结构不很合理,不适合于现代装饰要求。如何更改才算符合要求,必先对房屋原结构和建筑用材做出调查了解,在情况明确之后,做出针对实情的更改方案;为使房屋格局适合现实需求,必须进行重新布局划分,原有设施就得变动或更新,并做出有效的适当安排。例如,在黄河以北广大区域内,暖气设施安装是居室再装饰装修很重要的项目。如何在新装饰的居室中,更好地起到暖气设施的作用,必须做出很好的筹划。做不好,就会影响到使用,成为再装饰工程必须做好的工序;没有良好的谋划成效,恐难实现使用需求。水管和电线路,也是二手房屋装饰重点需要做好的工序,按照现代居住和使用标准做好布置和隐蔽工程,以空调使用,灯饰装配,到厨房、卫生间和各居室等,都有着设置专用线路的要求,开关插座都是专线专用;电话线、有线电视和网络线路,都要布置和安排到位,并同强电线路按国家标准分开布置,由明铺改为暗铺。水管路也是不同以往装饰做法,分别出冷、暖水管路专用。同电线路不能有干扰和混合装配问题。另外,二手房屋装饰要求依据不同业主意愿和需求,做出更新的部分是不相同的,必先做好谋划和具体的设计,才能做得规范和不发生混乱现象。

由此得知,二手房屋装饰,没有谋划,恐难有好的装饰设计,难以做出令人满意的装饰装修。房屋装饰与谋划好差、高低和细粗密切相关。谋划决定二手房屋的装饰装修成功与否。谋划的要求是很严格、细致和周密的,其直接关系到二手房屋装饰成败的关键。做好二手房屋装饰,必先从做好装饰谋划开始。谋划由业主及其家人先定下大概规划,认真地陈述给装饰谋划设计人员之后,再由谋划设计人员依据业主所愿,做出精细和专业的谋划方案,得到业主及其家人认同和肯定后,做出详细的装饰设计,具体落实到各个居室、各个部位、各个工序和各个工艺上。如在实际工作落实上,出现不完善和存在不足问题,则要做出适时的补充和更改,以做到装饰成功万无一失。

谋划工作是个精心、精细和精致的过程,必须要有认真负责任的态度,粗心、马虎不得。谋划做得越认真、越细致和越用功,做出的二手房屋装饰谋划和设计会更完美,使工程做得更好,更有利于装饰装修质量和安全更便于把握,更能做出业主满意的装饰成果。如图 4-1 所示。

图 4-1　装饰谋划达到实用要求

二、谋划对装饰的作用

由于二手房屋装饰，并不是在房屋居室空间做造型、涂色彩和装配家具那样简单直接，必须是依据业主的大概规划，审美观念和使用要求，针对房屋的实际状况，合理做出布局，重新分割空间，完善使用功能，巧妙地运用材料和发挥灯饰作用等，从对旧老房屋做出改造，次新房屋进行完善，做好基础处理，到再装饰装修基本框架，再到细部完善上开始，每一个步骤，每一个环节，每一个程序，都要进行精心的谋划和细节安排。特别是遇到意想不到的情况，还要有着应变的方案，以确保装饰装修成功，适合业主的期盼要求。

以二手房屋装饰设计为例，从一般设计要求，包括房屋居室空间分割和区域划分，各实用功能确定和配置家具安排，选择材料应用，到色彩调配和灯饰布置等，是装饰装修施工一项也不能少，必须做出详细设计要求的，少一项，漏一点，多半个，都会给装饰施工带来许多麻烦，出现差错，造成返工和浪费，甚至给装饰装修造成质量和安全隐患。面对二手房屋装饰的特性，每一个部署，每一个环节和每一个工序设计，都需要建立在事先对房屋装饰不具备条件下，必须做好谋划的基础上，才有可能做出设计。如果在业主提出自己的装饰意愿后，按照房屋的实际状况，不可能直接予以实现，就要从业主的愿望出发，先要做出符合实际需求的谋划，给予装饰装修创造条件，从改变房屋格局，做出居室空间分割和使用区域重新划分做起，给予装饰设计创立基础，才有利于做出适宜于业主心想的装饰设计施工图来。

谋划,还要根据二手房屋内外地貌环境、民族习俗和业主个性等方面情况来做,不能等同于设计画图样和做施工说明那样显得直接,是将装饰策略具体到每一项装饰要求的筹划。例如,确定二手房屋每一个装饰风格特色,就得从业主提出的意愿和大概规划开始,再根据各种情况,选择古典式、简欧式和自然式风格,还是选择现代式、和式及综合式风格,都需要由谋划来完成。这样的谋划做得好与不好,准确不准确,就关系到设计造型,选用色调,运用材料和装配灯饰,以及后配饰等设计效果上,符合不符合业主的心意。如果没有良好和精心的谋划作用,不仅装饰设计做不好,而且装饰选料和施工无从下手。

谋划从做出二手房屋装饰基础开始,到装饰布局的水电隐蔽工程、家具安置、各居室区域划分,再到厨房、卫生间、走廊、玄关和阳台等各个具体造型、色彩,用材的设计,及后配饰补充要求,每一个步骤,每一个环节,每一个工序和每一个细节都不可以漏下,需要筹划清楚和精细。谋划关系到策略细化和落实,关系到设计正确与否,设计质量又关系到施工成败,施工效果直接关系到业主满意程度。由此可明确,谋划对于二手房屋装饰的作用是至关重要和极其关键的。

又以家具配装和色彩选用为例,如果不是事先谋划出装饰风格特色,家具的造型和摆放定位,以及色彩配饰,都无从做出设计,对装饰施工无法提出要求和具体进行。因为,家具摆放占用居室面积较大,不先从空间面积和摆放位置作出准确谋划,装饰设计图样就定不出尺寸,做出的设计没有合理性,既定不准造型式样,又定不准色彩基调,更定不准装饰风格特色设计。如果是业主确定不在现场定制家具,也必须由谋划确定摆放空间,并对业主提出具体要求,购买什么式样和尺寸大小的家具,才能同装饰风格特色相符合。确保装饰达到高品质和高品位。同样,没有谋划的装饰风格特色,就不能做出色彩设计选择,就有可能出现色彩不协调,色彩很杂乱的状况,保证不了装饰设计和施工效果达到最佳状态。如图4-2所示。

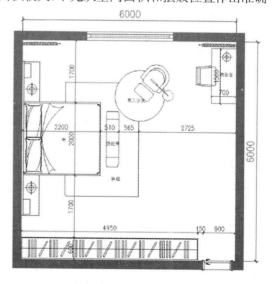

图4-2　装饰谋划实现奇效作用(单位:mm)

三、谋划对装饰的把握

在了解和清楚谋划对装饰的要求和作用后，要进一步知晓谋划对装饰的意义，就得做好谋划的把握。从过去的二手房屋装饰实践，谋划的成功是对出现的疑难和拿不定主意做装饰设计时，能够给予设计出谋划策，定出基调把住关键，甚至针对二手旧老房屋要不要做装饰装修，或者做出何种装饰，均由谋划确定方案，给业主吃上颗定心丸。同样，对于二手房屋装饰重点放在哪些方面，关键抓哪些问题，都是由谋划做出要求，做实质性的布置。由此可知，谋划，就是给予二手房屋装饰出主意、提方案，为装饰设计做前提准备，定下基本，把握不出问题。同时，帮助业主明确装饰风格和特色，给予确定装饰方案当"军师"，做"参谋"，让业主心中有数，不存在盲目性，处于被动状态，其起到的作用是立竿见影，更有利于装饰装修成功的把握。

针对二手房屋装饰和如何做好装饰，大多数业主心中有无数的难以把握的事情，需要装饰从业人员谋划清楚，讲个明白，使之心中有个很清晰的"谱"，才有利于装饰装修顺利进行，做出的装饰效果了然在心。例如，面对一套二手房屋，其显得比较陈旧，没有做装修，直观到墙面、顶面和地面等表面，都出现破损现象，门窗和厨卫设施也显陈旧，居室划分和空间布局也不合理，旧老房屋年久未住过人，或者是住过人后，好长时间未清理等，针对这种房屋做不做装饰装修，要做出谋划。这样的谋划，就要依据不同居住和使用情况，有针对性的进行，切不可泛泛而论，盲目地做出谋划来。应当针对房屋建筑结构和房屋建筑时间，以及业主居住和使用情况来把握。如果房屋建筑时间超过30年，由老年型业主购买使用，即使是做长时期居住和使用，也没有必要"动大手术"，大修大装，只要做一般性装饰，改善房屋居住环境和使用条件就可以了。重点选择做好地面装饰，摆放家具平稳，行走安全稳妥，门窗隔音效果好，厨房和卫生间使用方便等。如果是地处交通好的区域，就医、购物和入学都很便利，二手房屋建筑时间不很长，整个楼房是老式构造和使用灰渣砖之类的材料构建，即使是年轻型业主居住使用，给予装饰谋划，也只能做一般性装饰装修，也可应用修修补补的做法，改善居住条件就足够了。最关键性的理由，还在于这一类老式楼房使用寿命不很长久，又在都市中重要区域内，说不定是规划改造的重点楼房，就没有必要大动干戈，费多资金，做"豪宅"装饰。

同样，针对房屋各居室装饰谋划，从给予二手房屋空间使用重新做分割和划分，必须依据业主的实际情况确定。门窗改换和水、电、气及厨卫的改造装饰，必须要把握好安全这一关，不能出现任何破坏性事件，更不能发生危害性事故，其谋划是很清晰明确的。同时，要依据不同业主的需求，尽可能地做到考虑问题全面,预谋到各种新情况的出现,做出妥善的规划,不出现原则性的差错,就有利于装饰设计准确和装饰工作的开展。

所谓原则性,即指观察、行事和处理问题依据的准则。作为二手房屋装饰谋划,必须坚持全心全意为业主服务的观念,做出最好装饰装修工程的准则,不可怀有一心谋利的错误打算,做到君子挣钱,取之有道,才有可能做出准确和切合实际的装饰谋划。业主是装饰装修行业的"衣食父母"。要做装饰装修谋划做得正确和准确,必须遵循职业操守。每一个装饰从业人员,从观察、行事和处理二手房屋装饰问题上,作出的谋划和设计,必须符合业主居住和使用心愿,并且是为业主利益和方便着想入手,使做出的每一个谋划设计,都是适应装饰装修的,令业主满意和赞佩,才会获得广泛信任,为自身职业发展铺设下美好前景。如图 4-3 所示。

图 4-3　装饰谋划实施成功把握

第二节　二手房装饰谋划要领窍门

二手房屋装饰谋划做得好与不好,能不能给予设计铺设顺利的道路,主要在于能准确抓住要领。对于做好装饰装修,令业主满意很重要。

做谋划,抓要领,是针对不同房型、房情和装饰要求,尤其是能符合业主的意愿,按照业主心想,准确地应用装饰"语言",抓住特征和恰当地表现出来,致使装饰装修工作进展得很顺利,成功地做好每一个业主满意的装饰工程。

一、次新房装饰谋划抓要领

次新房屋相对于二手房屋中旧老房屋建筑时间较短,房屋较新,一般只在建房竣工验收后5年时间内,属于尾房和债权房之类的空置房屋。从另外一个角度说,大多属于选购新房后留下的,从楼层和内部房型,或者建筑质量上,或多或少有不如人意的地方,最后作降价处理的二手房屋。针对这一类型房屋的装饰谋划,一方面是针对其缺陷改造成好使用,很实用的,视觉上已克服缺陷,令业主消除"伤痕",心里很舒服,另一方面是针对不同房型面积,特别是小面积房屋,更能合理作出布局,达到更好实用目的,这就是次新房屋谋划装饰应当抓的要领。

针对次新房屋存在缺陷作装饰谋划,是要通过装饰手段改变不足,补充条件,利于使用。从以往出现过的是房型不方正,成梯形或者多边形,或者是有大形梁横亘顶面,视觉上很碍眼,心理有压抑感。在作装饰谋划时,就是要抓住这些让业主心中存在"障碍"做好文章,使不方正的房形变得"方正",利用不规则的边或者角的空间谋划做储藏柜,或者做成多边柜掩盖住,还有利用这些空间做夹心柜,也有谋划在床端头,表面做平整装饰装修后,留下不规则空间做一个隐形门,使得其内部能放置不常用的物件,或者做一个隐形保险柜使用,珍藏住家贵重物品,给业主及其家人一个意想不到的惊喜。如果是顶面的缺陷,则是利用吊顶造型,巧妙地掩饰住视觉上的不舒服;或者是谋划给予横梁留下的空间做顶上柜,既可平复扎眼的不舒服感,又可充分地利用这些空间储藏物件,收到一举多用的成效。

如果是针对房屋朝向不理想,面积又不大的次新房,一方面是充分得利用有限的空间进行多位一体的谋划,合理分区,留出适当空间由业主展现个性特征,并做到一区多用。例如,将作为公共活动区的,谋划成会客、就餐、休闲和体育锻炼等使用,同私密睡眠区成明显区别开来。而私秘睡眠区里,将睡觉休息、学习、写作和储藏等功能谋划设置于一体。为使空间有着扩大的视觉效果,在谋划装饰色彩上尽量采用浅色调;后配饰应用中间色调,让装饰的空间能产生延伸的感觉,又能让业主及其家人在使用上有着层次舒适感。

不过,作小面积次新房屋装饰谋划,尽量不要主观从事,需要依据业主意愿做谋划。不然,即使做得再好,也会出现一些矛盾和产生纷争没有必要。在谋划上,将业主的意愿尽可能地体现出来,以充分地发挥装饰从业人员的专业水平,能将小面积使用功能效率发挥得尽善尽美,就是最好的谋划成效,让业主从心里感到既实用,又节俭,能充分地利用自然采光和通风条件,为业主节省人为的使用设施而提高满意度。

　　如果针对有经济势力条件的业主,则可建议其将相邻的两套小面积房屋都购置下来,还可为这样的业主作改造房形的谋划,或者打通,或者连接。作改造性装饰谋划,既可扩大住家使用面积,又能获得一套从视觉上感觉轻松,住得舒适的住房。

　　此外,针对次新房屋谋划抓要领,如果是房屋自然采光和通风条件下不是很好的状态下,给予装饰装修谋划,除了增强人为采光和通风设施外,在装饰色调上,尽量采用浅色暖色调,忌用冷色调。尤其是在中国黄河以北广大区域,这一类次新房屋装饰用色调,多采用暖色调为佳,切忌冷色调,如用冷色调,不但会使居室内采光更差,还会给予使用者“阴冷”和不寒而栗的感觉。这样的装饰谋划显然不适宜,有犯错之嫌了。如图 4-4 所示。

图 4-4　次新房屋装饰谋划抓要领

二、旧老房装饰谋划抓要领

　　旧老房屋是二手房屋中,成份最为复杂,房形构造多样,建筑年代不一,使用程度不同,对这一类形房屋装饰谋划,就必须要依据这些不同情况,以及不同业主的心愿,要分别对待,分别不同要领,决不能“一视同仁”要善于取其所长,克其之短和“变废为宝”,将装饰谋划做到“点子”上,确保装饰装修上品位,有品质,业主满意。

　　由于大多数旧老房屋结构情况,年代时间和房屋损坏程度不同,并且建筑面积不大,户型不理想,功能分配不合理,采光和通风条件比较差等诸多相类似的问题,在装饰谋划理念上,首先应当将谋划重点放在保障安全使用,维护房屋结构不出差错,不为装饰装修后居住使用留下隐患这个要领,确保房屋装饰质量和安全不出问题为前提,将旧老房屋装饰装修做得更好。

　　要做到这一目标要求,首先从做好装饰装修强、弱电线路和水管路这个最基本的改造谋划上,做得扎实,做得规范,做得令人放心。从旧老房屋的再装饰,最先感觉不符合现代居住使用条件是水管电线路。原来应用的水管材大多是镀锌铁管,已被列为淘汰材料,必须进行彻底更换的。特别是强、弱电线路,在原有旧老房屋使用的强电线路用材已不符合现代规定要求;弱电线路得重新布局。即使是已做过装饰的旧老房屋,其装配的强、弱电线路,要以现代使用条件衡量,都已不符合使用要求,必须重做谋划布局。尤其是针对厨、卫间用电线路,以往采用的是简单而又承受负荷都比较低的。电线路用材多是铝线材的。如今强电线路用材,按照国家相关部门颁发的标准规定用材是铜线材的,两者质量相差太大,是属于必改造内容。况且,现代装饰装修强电用电采用专线路、专插座和专开关的严格规定,必须需要做出专项谋划,重新做出布局和安排,方能符合现代人居住使用标准。

如果是二手旧老房屋原已做过装饰装修,有了比较时新的弱电改造项目的,则只要增加新的网络线和视频线等内容的谋划。假若没有这方面的装饰改造的,一定得重新做出谋划,依据现代使用弱电线路标准,做出全面的谋划,从接入线头到各居室使用的插座板,按照业主及其家人的需求做好安排,不可以出现漏项少项情况的发生。

同时,需要做重点布局的是用水管路,除了淘汰不适用水管材外,是针对旧老房屋配装水管路不适应现代居住使用要求,必须做重新布局水管路和龙头使用部位,并且在用材上全都更改为符合现行国家标准和安全环保的水管材,主要为铝塑复合管、硬聚氯乙烯管材、聚丙烯管材和不锈钢等管材,再不允许使用冷热镀锌钢管材。

在给予二手旧老房屋再装饰谋划上,还有是针对门窗改造,由于过去装配的门窗用材使维修频率太高,并且带来诸多麻烦,有必要将更换门窗作为再装饰装修的谋划要领来做。尤其是针对铁门窗这一类状况,更有必要给予更换,按照现代门窗装配用材,使用塑钢和铝合金型材和专业防盗安全门。如果有的业主不愿意更换,作为装饰人业人员则要以自己专业要求角度,对业主陈说清利弊,尽可能地促使这一谋划得到落实。

在针对有的旧老房屋墙面和顶面是沙灰基层底面的状况,是需要毫不含糊地谋划,给予这一类基层底面提出彻底铲除,更改成水泥浆抹底面作为再装饰装修基层面谋划要求,既利于装饰面刮仿瓷的工艺质量需要,更是为防止装饰装修出现"后遗症"问题打下好基础,为防范返工做好技术上的准备。

至于针对住家使用方便和合理,给予区域重新分割和划分面积的谋划,必须是根据业主的意愿做不同谋划的。需要具体情况具体谋划,重点是区别不相同住家使用要求,依据旧老房屋面积大小谋划出不一样的公共活动区和私密休息区,以及厨房、卫生间、走廊、玄关和阳台等辅助使用区,给予业主最适宜和合理的谋划。特别是将不规范和"边角"空间尽可能地得到有效利用,成为谋划要领抓得准与不准和好与不好的检验标准,以检验出谋划水平高低的尺码。如图4-5所示。

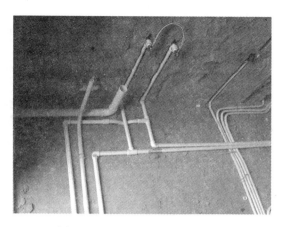

图 4-5 旧老房屋装饰谋划抓要领

三、改变空间谋划抓要领

由于各个业主对二手房屋居住使用有着不同的状况，或者是使用功能不同，或者是住家人口不一，或者是要求装饰风格差别等，需要给予原有的居室空间进行重新分割和划分，以达到自身需求的式样。这是在装饰设计前，必须按照业主的意愿先做好谋划的。针对这样需要改变空间作谋划，也是要求抓住要领，会有着事半功倍成效的。

作改变居室空间的装饰谋划，是对二手房屋原有的功能空间，按照业主的意愿重新做出划分。一般情况下，针对二手房屋结构允许的条件下，既不能损坏房屋承重结构和墙体，保障房屋居住使用安全，又不影响到装饰质量和安全，确保装饰操作不发生任何麻烦。如果不能保证装饰顺利进行，是不能拆墙体、重分割，再做居室空间新划分的。还必须运用专业眼光和职业责任给予业主做出有理解释，或者是同业主及其家人商量出一个妥善解决心愿的方案，切不可不负责地冒着担忧的心理做出危害性谋划。

按照业主意愿改变空间谋划抓要领，必须是在保障安全不出危害事故的前提下进行。这是必须坚持原则性要求。在通常情况下，改变房屋居室空间，都是为了保证住家生活有序进行，过得快乐惬意。而生活居住和使用空间，既有由建筑给予分割和划分的，也有以装饰装修手段，采用分割、切断、裁剪、高差和凸凹等方法，达到改变空间的目的。对于二手房屋的次新房屋和旧老房屋空间，重作改变实现业主居住和使用意愿的情况，是经常出现的。抓住要领，重点在于安全和适宜，使用合理和利于业主及其家人居住方便，感觉实用。

所谓抓要领，即是抓住事物的关键，抓准业主提出意愿后存在的难点、要点和重点、做出合符情理,能达到改变空间,实现业主心愿,又能保障装饰安全和质量所做的谋划。从过去装饰经验告知人们,居室作为公共活动区和私密休息区,以及其他辅助使用区,需出入行走路线合理,不能相互干扰太多,更不能犯忌,即让人容易看到私密间的行动和储藏物品等。还有是如何使小空间能变大。同样面积大小的空间,谋划不同会出现不同的状态。谋划做得好,善于巧妙布局空间和善于见缝插针利用空间,不但能利用居室顶部空间制作储藏用吊柜,使地面四周空间因不做储藏柜,显然会让小空间视觉和使用空间增大了,而且能善于谋划将各"边角"、"拐角"和不打眼的"废角"给充分地利用起来,既做装饰用,为居室空间增强美观效果,又做各种形状的使用柜,为住家储藏扩大容量,促使室内摆设井井有条,业主及其家人住着舒坦,给予人的心情感觉是大不同的。或者谋划把隔断墙面上部位,或者隔断墙的位置全都做成柜、架和搁板;或者在小面积居室内的 2 m 以上空间做成"小阁楼"式,用作睡眠休息使用,下部空间作为书房或电脑房和活动室,将卧室同书房谋划设计在一个小房间内,会给予使用者一个全新的感觉,致使居室空间得到最大可能的应用。不过,这种谋划,一定要根据二手房屋空间高度做出实用性的,而不是凭空想像做出的。

针对二手房屋装饰,做改变空间谋划抓要领,还有就是需要巧妙地谋划家具尺寸大小,不过多占住居室空间,而是尽量地利用不起眼和不规则空间,选择做组合式,或者做角式、或者做"瘦身"的家具,不再是老套路,老格局和老式样。"瘦身"家具,即有尺寸上量地而做的家具,或者采用折叠式和活动式家具。同样有着充分利用几何原理上的点、线、圆和弧组成,做出造型简单,能多变的多用的家具。例如,用一块木板和两根木杆,组成一个简单明快的的茶几。再做矮式化的谋划,使做出的家具显示出小巧玲珑的特征,不占用太多空间,又给自然采光和通风带来便利。做这样一系列谋划,不但在改变空间上显示优势,而且不落老套,还显时尚,展现出现代艺术特色,由此充分表现出改变空间谋划,善抓要领的优势。如图 4-6 所示。

图 4-6 改变居室空间谋划抓要领

四、更新功能谋划抓要领

进行二手房屋居室空间重新划分后，使用功能必然要作更新谋划。谋划抓要领不再是简单地进行，是针对不同业主的心愿，坚持"以人为本"，依据各不同的实际情况，有的放矢地来开展。虽然说，居室使用功能离不开公共活动区域、私密休息区域、餐饮休闲区域和卫浴洗涤区域等。具体到如何更新作用功能，做得让业主及其家人满意，其情其景是千差万别，不尽相同的。

做好更新功能谋划抓要领，最重要的是做到以人为本，充分体现二手房屋装饰装修的根本要求。装饰装修行业的迅猛兴起，就是顺应历史潮流和现代人生活质量提高的需求，改善居住条件，改良生活环境，改进房屋使用功能，最基本要求和最终的目的，必须要求二手房屋使用有保障，居住安全不担忧。如果连这些都做不到，就无从谈到更新功能做好装饰装修。特别是针对旧老房屋建筑结构错综复杂，使用年代各不相同，不但从装饰装修施工过程中，要确保房屋结构和承重构件安全无危害，而且还要防止突然情况发生不出问题，能有着防震、防火、防水、防晒和防霉等功能作用。具体到每一个居室的装饰功能，要分别出老年型、中年型和青年型业主，以及老人、妇女和儿童等人员使用的安全保障。同时，让各个方面的使用人员，都感到使用方便，实用舒适，应用顺畅，是更新功能谋划抓要领，必先做到的。

例如，针对老年型业主，给予这一类人群房屋装饰使用功能的谋划，必须考虑到，人到老年后，从生理到心理上都已发生了许多的变化，不再像中、青年人那样，行动快速，动作敏捷，身体健康，精力充沛，视力良好，适应突发情况，心理承受能力强。人到老年大不一样，身体渐差，动作迟缓，记忆衰退，心理承受力也不如壮年。人老两头小，表现出老年型业主的弱势状态。根据老年型业主的特征，做居室使用功能的谋划，才能抓住要领。不然，做出的使用功能就不适宜于老年型业主。老年型业主的居住使用功能，必须突出"静、稳、圆"的特征。静，即突出安静状况好的要求。无论从公共活动区域到私秘休息区域，以及辅助使用区域的功能装饰，都要围绕着隔音防噪、通风防潮和隔热防风等要求，不能存在"噪声污染"和影响行动安全。在谋划装饰色调上，尽量采用中平色彩，既不能过于鲜艳刺激，也不能过于灰冷沉重。稳，即显平稳特征。给予老年型业主心里上安宁和稳妥。在装饰风格特色上尽量按照老年型业主喜欢的形式，做出平稳、平和、平淡的装饰效果。如果是本人有着某个方面的特殊兴趣爱好，便可在装饰谋划后，给予设计者"点睛"亮点，以满足其个性需求，会给予其增添生活乐趣和自我欣赏的愉悦，有利于身心健康。圆，即显示圆韵特征。无论从装饰风格到家具制作式样和选购家具什物,都要体现出适宜、和谐和好用的氛围,不能出现棱角太多,高低不适,硬梆易伤人等缺陷。特别是地面最好谋划镶铺木地板或复合木地板,比较镶贴瓷砖地面能防滑和柔软些,有利于老年型业主安全行走,少发生意外事故。

更新居室使用功能谋划抓要领,就是要善于抓关键、抓要害、抓特征,善于分别情形、地域、民族、人员、兴趣和个性等,不能按照一般化、大同化和套路化进行,才有可能达到更新功能谋划抓要领这一要求。必须做到分别情况,尊重个性,遵循民族和地域习俗,按照业主个人意愿和生活习惯、兴趣爱好,有针对性开展工作,就能抓住要领,做出让业主满意,并给予极大信任的谋划方案,有利于指导装饰设计和装饰施工,做好更新功能和有特色的装饰成效来。如图 4-7所示。

图 4-7　更新使用功能谋划抓要领

第三节　二手房装饰谋划抓关键窍门

对于二手房屋装饰谋划的把握,最重要的还是善于谋划抓关键,从局部到具体施工的谋划,是针对谋划抓要领的实际实施,指导装饰设计和施工不可缺少的一个重要环节。所谓谋划抓关键,是对装饰装修谋划设计落实到最紧要程序的指点。从二手房屋装饰装修开展前的拆旧,到选定风格特色,选材用材,确定色彩,配装灯饰和进行后配饰等,对各个工序和工艺的装饰谋划,比抓要领更细化和完善。对于这一谋划抓关键,应当充分显现不同业主的意愿和个性特征,同时,体现出装饰手段和工作程序等,以实现令人赞佩装饰成果目标。

一、拆旧更新谋划抓关键

为更新二手房屋使用功能,有必要对不适宜的隔断、隔墙和过旧的吊顶、墙面及地面等,进行有针对性的拆除。怎样对其给予拆除才显得合理、安全和符合再装饰基础要求,需要进行谋划和做出具体部署的。这种谋划也是要根据实际情况来做。例如针对次新房屋的拆旧好掌握。其房屋结构是清楚明白的,只要按照业主的装饰大概规划和意愿,从更新居室使用功能和装饰造型及现场做家具等方面,做有针对性的拆改,就能实现要求。主要是旧老房屋拆除,就显得不好做。体现在房屋结构不是很清楚,建筑用材老化程度、原装修存在隐患等,必先做详细了解。并且对于承重墙体和梁、柱,在任何情况下,都是不能敲打和损伤的,更不要说拆除。

针对二手房屋装饰拆旧更新谋划抓关键,重点应当放在抓"四优化、三拆改"关键上。所谓"四优化",就是优化隔墙体、优化内墙面、优化楼地面和优化防水层。这是旧老房屋拆旧更新谋划必拆的关键。做好了这些才能为再装饰奠定基础。由于二手房屋在前业主居住使用期间,或多或少对隔断墙有所损害,或者是将隔断墙部位改做壁柜和顶柜之类使用,在结构或采光等方面是否符合新业主装饰装修要求,即使是有着七、八成新的,也是要从谋划上提出要求,不做拆除,也要给予提升墙体质量,进行加强。一方面是了解墙体结构是否安全,能否保证使用要求,另一方面是否符合健康条件,必须做出优化改造的谋划;从旧墙面粉底结实程度,远不能适应现代装饰用材要求,必须给予彻底清除灰沙底面、纸筋和石灰罩面,以及混合砂浆、不环保腻子等。在中国黄河以北广大区域,有的墙面和地面还有着保温层,也是要铲除干净的,再粉饰新的水泥浆底面和增加保温材料,对所有内墙面进行优化处理,才能符合再装饰墙面基底要求。同样,对于楼地面,由于年久时长,原粉刮的纸筋石灰底面和混合砂浆地面层普遍空鼓开裂,在拆除更新谋划中,也必须要求给予全部敲碎铲除,再批刮水泥浆地面,并找水平,不能出现太多偏差,一般控制平面度的一间居室内不超过5 mm。还有是对地面的防水层要重新做。无论是用水多的卫生间和洗涤间,还是用水少的厨房和洗衣间,在铲除旧底基层面后,都要做防水优化。按照规定防水优化要上墙面300 mm,进行24小时渗水实验,以不渗水为合格。如果墙面反面是做储藏柜的洗浴间墙面,需要做1 800 mm高度的防水优化层面,以防柜背面受潮霉变。

拆旧更新谋划的"三拆改",就是指的水电路(含弱电路)拆改、门窗拆改和旧设施拆改。由于旧房用水、电材料大多不符合国家相关部门颁发的要求和电器

增多用电负荷,需要重新谋划布局;
门窗也多已老化,不便维修,或者是
同新装饰发生矛盾等原因,需要更新
换代;再则是厨房和卫生间的设施在
拆改时发生损坏,或者不符合现代装
饰标准,有着这样或那样的不适合,
在做拆改谋划时,应当向业主提出要
求是很关键的,以免发生不必要的矛
盾。给再装饰造成影响就不好了。
如图 4-8所示。

二、风格更新谋划抓关键

做二手房屋装饰,虽然不能像
"一手"商品新房屋直接依据现实中
的几种装饰风格,由业主和装饰从业
人员把握和确定,却可以作为各种不

图 4-8　装饰拆旧更新谋划抓关键

同情形参照选择的。在这里提出风格更新谋划抓关键,是针对房屋内外环境和
业主意愿,就整个装饰风格和每一间居室装饰谋划,应当抓住哪些关键,并不是
件好把握的事情,却又是必须作好谋划,呈现更新特色来。

要风格更新谋划抓关键做出特色来,是将二手房屋原有装饰拆除之后,重新
做出一种新风格特色式样,最好以确定一种常式风格为主,进行新的变更做装
饰,会给予业主一个新感觉。通常情况下,二手房屋的原有装饰大都不存在有明
显的风格特征,以追求不很清晰的潮流,普遍做着大同小异的装饰式样,吊"三级
顶",做"墙裙",改门庭门扇,做推拉门和包装窗户。完全呈现出"重装修,轻装
饰"式样。针对居室空间不很高的三室二厅居室以上大面积房屋,如不做吊顶,
便做石膏装饰板镶顶角边,墙面全装饰板围面,以显"豪华"装饰。如果是二室一
厅以下小面积居室装饰,以改善视觉成效为主,谈不上是什么风格特色,实用为
上,有做公共活动区和私密休息区区别的,保证储藏功能提高,不再像过去那样,
将家用衣物一股脑地装进一个柜内,或者是像黄河以北广大区域一样,将被褥之
类物件统统地堆放在床头的搁板架上。如今的情况发生了很大变化,对于居住
条件既讲究实用,又讲究美观,即使是二室一厅小面积的二手房屋装饰,也很注
意储藏功能,讲究装饰式样,逐步地发生着变化。

针对现行装饰潮流,讲究装饰风格特色成为主流,在作二手房屋再装饰上,

风格更新装饰谋划已成为必不可少的。为使再装饰给予业主及其家人一个满意率,必先做好谋划定出方案,做有准备的装饰,而不可盲目行动,能够针对实际情况抓住关键,作出最佳方案的谋划,有利于业主意愿的实现。

要做到二手房屋装饰风格更新谋划抓关键,一定要注重实用为主,对各使用功能分配清楚,尽量做到齐全,致使公共活动区域使用功能和私密休息以及储藏功能清晰明确,特别是住家的储藏功能要做得恰到好处,给物件家什摆放挂藏有足够空间,做到挂藏有序,摆放齐整,还能分别出季节性衣物存放来,是再好不过了。从装饰风格特色上,则要按照业主心愿,依据一种风格不落窠臼,有所突破,做到更新有谋划出新点子、新特色和新式样。例如,针对三室二厅以上稍大面积的二手房屋装饰,确定什么风格,做出怎样特色,先要针对业主的审美情趣,给予居室公共活动区域谋划出一种主风格特色后,再给予餐厅、走廊和书房等部位做出精心谋划,对公共活动区域进行装饰特色进行细化和补充。对餐厅的装饰,不仅仅是满足其就餐使用功能需求,完全可以通过墙面和餐柜造型,灯饰色调,以及给地面镶铺材料,做色彩上变化,营造出温馨浪漫的情调;在走廊和玄关的谋划上,依据主风格进行广阔性的变通,从墙面、顶面和地面作"应景之变"装饰,充分利用多变的几何造型和色彩的调节,使得风格特色更新谋划出绚丽多彩的装饰效果来。

同样,还可以针对一些二手的旧老房屋客厅面积小,不能适合于现在的装饰风格要求,便做出更改客厅作为其他居室使用,谋划大一点面积的居室装饰成客厅,是有利于装饰风格特色更新抓关键体现的。如果是人口少的业主家庭,还可谋划出将两小房间打通改做客厅,更有利于装饰风格更新成效的实现。如图 4-9 所示。

图 4-9　装饰风格更新谋划抓关键

三、特色更新谋划抓关键

从现有的二手房屋装饰，不少业主很看重装饰特色更新的谋划，其目的在于体现个人情趣和爱好，以此展现自己的个性、身份和需求。所谓特色，即表现出格外突出和不相同的特点。对于做二手房屋装饰谋划是很重要的，也是提出明确要求，更是有利于工作开展，只要能抓住不同特色关键，就能将装饰装修做得让业主喜欢，受到广泛青睐和欢迎。

如今社会本就倡导个性自由发展，提倡特色开发的时代，各行各业，各人各事，都以强调特色展现独自风彩，体现独有特征。作为新兴发展起来二手房屋装饰，更是有着这样的强劲趋势，有着更新特色谋划抓关键的要求。装饰特色是建立在风格不同和变化上的。仅以中国这样一个多民族、多地域、多人口、多风俗和多情况等状况下，形成多样性和多种类的装饰特色是情理中的事。如今，在装饰装修行业普遍推崇的几种常见装饰风格特色，运用于各个装饰工程中，并不是一个样，其特色是千姿百态，变化无穷的。从中总结出一条很重要的有特色效果的经验是，特色更新谋划，必须依据业主个性特征和不同的需求，不同爱好，不同情趣，才能够展现出不同特色，做出独有特色装饰要求的。这是显示根本性特色区别的源泉。如果能够抓住这一关键，也就抓住了装饰特色更新的"钢"，做出特色装饰装修就容易得多了。

例如，做同样一套复式二手房屋装饰，选择的都是古典式风格，在进行特色更新谋划时，似乎不好做出区别。原因是古典式风格在选择造型和色泽上不能区分，造型深色，显现民间特征很浓厚。同以木材料为主，做出的图案，在外人看来很相似，彩画、雕刻和规格化的工艺美术，以及很相近的传统式家具陈设等，营造出的意境，很受民族风俗和地域环境审视的局限，造成的特色效果是不相同的。即使是在同一个地域，由于业主情趣和个性的不一样，在选择装饰造型上必然会有区别。像给予复式房屋选用的，具有"点睛"效果之用的楼梯，就会出现旋转式、斜上式和转角式等，在扶手选型、选材和色彩上，都能显现出不同特色来。

如果将不同地域的古典式特色，谋划引用到一个地域做二手房屋装饰，其呈现出来更新成效，更容易反映出来，再能将各个业主的个人爱好和情趣融入到特色装饰谋划上，抓住这样的关键，对于特色更新会显得心中有数，胸有成竹，不再为做不出特色装饰感到为难了。例如，还是做同样的古典式风格装饰，虽然都是在体现民族风俗、乡土元素和古代特色，应用现代装饰材料和传承下来的加工工艺，实现的装饰装修功能特色，演绎的传统文化中经典精髓成效。如果在谋划中，采用不同的表达手段，其特色更新必然会显得十分的明朗，还不会形成人为的造作。像有的古典式特色表现手法上,运用镜子表达人生"幻象百态";有的应用漏窗虚化实面,做苏州园林的小桥流水的造型;有的利用竹子表达君子"虚怀若谷",做江南粉墙黛瓦造型;还有的利用民宅石鼓造型,园艺灯笼式样,"茶馆"雕花古董等断章取义的装饰手法来做各种不同特色更新谋划抓关键,显然是很不错的"金点子"。

　　同时,从家具的造型和选型上,有选择明代式样,又有选择清代式样,还有选择宋代,甚至远古式样的,能够抓住这样的关键作谋划,又能给予业主在后配上谋划出古色古香的布艺和工艺艺术品作充实装饰特色,必定会很有把握地将二手房屋装饰选择古典式风格,将特色更新做得有声有色,形式多样。如图4-10所示。

图 4-10　装饰特色更新谋划抓关键

四、用材更新谋划抓关键

　　给予二手房屋装饰用材更新谋划,似乎是个新课题,还没有先例,事实却要求这样做,既显得经济实惠,又能够获得好的装饰效果,应当倡导这种谋划优势的广泛落实,对业主和装饰行业,以及装饰材的出新都有益的。如果能在选材用材更新谋划时,抓住关键,会更有利于二手房屋装饰装修质量和安全的保证,还能为业主住家提高品质和品位,节约资金,实在是件好事情。

　　如今的二手房屋再装饰用材,是不愁材源的,各式各样,品种繁多,品牌任选,品优价廉。尤其是二手房屋再装饰用材,普遍要求环保健康的。而这种材料的标准,主要是指在生产制造和使用过程中,既不会损害人体健康,又不会导致环境污染和生态的破坏,属于健康型、环保型和安全型的装饰装修材料。然而,在广大业主及其家人都在追求自己美好愿望的时候,能够真正达到健康环保,是很有限,也是很严格的。比如选用油漆类、石材类和带有化学成份的装饰材料,从严格意义上讲,只能说达到了国家相关部门颁发标准允许范围内的合格品,同环保健康标准是有差别的。作为二手房屋装饰用材的业主,有着良好的愿望,企盼自己的住家装饰装修用材,能达到环保健康型标准,显然还有些不现实和难以达到的。在现有的状况下,能反映出装饰材料越是达到环保健康标准的,其交易价格相应是比较昂贵,会大大提高装饰装修成本,或者说花费了高价格,还不一定能保证材料是环保健康。由此,给予业主一个建设性的意见,二手房屋装饰,只要是选用达到国家相关部门颁发标准,就是可信赖使用的材料,一般不会给人体造成明显的伤害。因为,世界上任何事物,只有相对性,没有绝对性,装饰用材更新同样是如此,脱离不了这样一种状态,属于抓住了问题的关键。

做到二手房屋装饰用材更新谋划抓关键的要求,最基本地是要把握住这一点,给予用材更新有利于装饰特色起作用的关键部位,或者是对人体有着伤害可能的卧室内,在选材用材谋划上,应当注意到材质、色泽、环保和装饰成效。例如,对装饰风格和特色影响最明显的客厅电视背景墙,如果选材谋划要求做出靓丽的装饰效果来,就得选用有质量、有品位、有特色和有色彩的材料。特别是有色彩,必须是业主及其家人喜欢的色彩,最好不应当是冷色调的色彩。这样的谋划选材,必然会给予二手房屋装饰带来好的效果。

在通常情况下,有质量、有品位、有特色和有色彩的材料,做出的装饰效果不同凡响的可能性大一些。不过,做出有品质和品位的装饰,仅依靠选材用材档次高低,是不能完全有保证的,还必须靠谋划抓关键。只要关键谋划做得好,不是高品质、高品位和高价格的材料,就能做出有特色和好品位的装饰效果。

用材更新谋划抓关键做二手房屋装饰,不仅仅是个选材用材的问题,还是个谋划得失检验的试金石。如果能抓住关键谋划选材用材得当,既能应用好品质材料,做出高品位和高档次及靓丽的,给业主及其家人一个特色装饰成果,又能应用达到国家质量标准的一般性材料,做出有品位和有品质的特色装饰成效来。从现在装饰装修行业倡导"重装饰,轻装修"的装饰理念上,要求广大业主在二手房屋装饰选材用材上,不能一味相信价格高,就是品质好符合环保健康的材料。而应当抓住关键做好用材更新谋划,应用新材料做出最理想和令业主满意的装饰装修。同时也是对装饰从业人员专业水平和技能高低的一个实际检验。如

图 4-11 所示。

图 4-11　装饰用材更新谋划抓关键

五、色彩更新谋划抓关键

在二手房屋装饰中,色彩更新越来越被广大业主重视。装饰中的色彩作用太重要了,几乎是无色彩不成高品位装饰。不同的色彩,给予人的感觉是大不一样的。如果每一个装饰装修,能够有着如业主所愿的情趣色彩,其装饰工程必然会得到满意的结果。

在以往二手房屋装饰中,出现一些不如人意的纷争,大多是在色彩配备协调上有差错,给予业主及其家人视觉上很不舒服的感觉。装饰造型美观漂亮,往往在于色彩调配得好,才能发挥出造型视觉功能成效。若不然倒是浪费了造型制作。由此,做好色彩更新谋划抓关键,对成功装饰装修是显得非常重要的。

色彩,给予人的感觉是一种情感寄托,情趣的表达和美好的享受。例如,粉红色,能给人温馨浪漫和最显温柔。这种红与白混合的色彩,非常明朗而靓丽,有着精神压力和愤怒情绪的缓解之功效。根据医学观点,粉红色能使人的肾上腺激素分泌减少,从而促使情绪趋于平稳。橙色,给人的感觉是能产生活力,诱发食欲,有着让人兴奋、愉快和温暖的好感、属于暖色的代表色彩,含有健康、成熟和幸福的意味,让人很爱接近的色彩。又如淡绿色,一种给人自然的色彩,有着环保健康的好感,是一种令人感到凉爽舒适色彩,具有镇静平气,降低视压,解除精神疲劳等良好效果。如果是接近自然很协调的绿色,从医学角度上,还有对疲劳、伤神和消极情绪有着一定的改善成效。假若能长时间在绿色环境中生活,还容易令人感到格外的清醒,又有着冷清镇静的作用。其实,各种色彩都有着利于人健康和情绪利弊的双重感觉,必须在色彩更新谋划抓关键上,做出正确选择,抓住有利的成效,对做出成功装饰装修是很见作用的。

仅以白色为例,白色不吸收阳光,反光强,具有洁净和噪热感,能给二手房屋装饰居室有清洁、宽敞和明亮优势,使得小巧狭窄,或者暗淡的居室有扩大的视觉效果,对容易动怒者能起到一定的调节作用。在医学上,对精神忧郁症和孤独症患者,有一种压抑和恐惧影响。这就是色彩对人利弊的见证。由此,在作色彩更新谋划的时候,一定要按照业主意愿来做,却要防止不适宜色彩给予业主及其家人带来的负面影响,应当帮助选择适宜的色彩,切不可凭装饰从业人员主观愿望和想当然来乱调配色彩,是不利于装饰装修成效实现的。

要做到善于抓住色彩更新谋划的关键,既要从二手房屋装饰风格特色和外部环境上准确把握,更重要地是按照业主及其家人对色彩的情趣爱好,以及心理和生理角度上把好关。特别要重视业主及其家人有着某种色彩忌讳性的,不可违背和勉强采用。还有注意民族风俗和个人习惯等情况,以及业主个人生理上对某种色彩的不适宜,一定得采用回避和禁忌做法,不要犯下最低级的错误。如果能够按照业主及其家人,对色彩某个方面爱好和情趣的基本原则作谋划抓住关键,就能为装饰装修出品质,上品位,提高满意率创造条件。

在这里有必要再次提出警示的是,针对阳光不容易照射到的,有类似于暗室的住家房屋,尽量不要作冷色调的谋划,更不要做出这样的设计,对于业主及其家人居住和使用,必然会给予心理和生理的影响是极其明显的。尤其在中国黄河以北广大区域,本来长年气温偏低,阳光照射时间也偏短。如果在其"暗室"装饰谋划中,不顾实情地采用冷色调,必然会给予生活在这样一种色彩中的业主及其家人不寒而栗,"冷色"刺人伤人的心理压力,从而会给予这样的装饰成果蒙上阴影。如图 4-12 所示。

图 4-12　装饰色彩更新谋划抓关键

六、灯饰更新谋划抓关键

灯饰在二手房屋装饰中,应当是被广泛重视和看好的。在现实中,灯饰作用被业主及其家人和装饰从业人员看重的是室内照明,而对其更重要的调节、造型和划分区域,以及取暖等作用,还没有得到重视和看好。对于二手房屋装饰是不应当存在这缺失的情况。尤其针对房屋面积普遍偏小,更有必要发挥灯饰在多方面的独有成效作用,会给予业主及其家人带来很多情趣和方便。

针对灯饰在多方面的独有作用,被业主及其家人和装饰从业人员普遍忽视和不知晓,是从二手房屋装饰谋划的时候,就存在着"盲区"。仅此灯具类型谋划和设计都不做要求,任由业主及其家人的情趣和爱好随意配装,往往就不如人意。比如,灯具式样选择要同装饰的居室空间高度相适应。二手房屋空间高度在 3 m 以下时,不适宜选择长杆式吊灯和重度大的水晶灯,有碍于安全和给人压抑感。同时,灯具体形大小同房屋居室面积相适应,不能以求大而认为是正确的。其实,灯具体形不能大于居室面积的 3%。如果照明度不足,可增加数量。不然,会给人有压抑的心理影响。比如,15 m² 左右的客厅,只能适宜配装直径 300 mm 左右的吸顶灯;12 m² 左右的居室只能适宜配装直径 200 mm 以下的吸顶灯。在确定灯饰体形大小后,要考虑灯饰光宜采用鲜亮明快的。一方面是针对公共活动区,需要烘托出一种和谐、友好的氛围,色调要丰富,有层次和意境感及观赏性,另一方面是针对辅助活动区,需要使用实际成效,尤其是有老年人的家庭,要求照明好,不刺眼和无阴影。卧室和书房等灯饰光,应以柔和、安静为主显示光线均匀,有利学习和休息。餐厅和厨房的灯照光亮要求很讲究,既需要明亮和单色光,又需要能增进食欲效果,还不能刺激到眼睛的效果。卫生间的灯光需要柔和温暖,不宜太淡太冷等。这只是抓住灯饰更新谋划抓关键中的照明部分,远没有给予灯饰更新作再好的谋划,不能发挥灯饰更好的作用,应当在二手房屋装饰中,致使这一情况能得到较大改观为好。

灯饰更新谋划抓关键做得好,能发挥出灯饰更多潜能作用。由于二手房屋居室环境普遍不如人意,面积偏小,以装饰装修方法进行改变受到条件局限,并且易占空间,投入资源多,很不合算。如果能够运用谋划方法,充分利用灯饰光作用实现业主意愿成效,还可弥补应用装饰手段做不到,或者做不好的缺陷。例如,在餐桌上方悬挂配装一盏长臂吊灯,并且使用暖色灯罩在餐桌周围,会很明显地在客厅中划分出就餐区域,给就餐者一个明确的概念;如果在茶几上方投射一个清楚灯光圈,便能勾划出一个会客区域。由此可见,灯饰光,既能进行功能分区,又能保持空间的整体和通透性,为小面积居室使用功能的多样性带来了方便。

同样,还可以谋划运用灯饰光调节高度、突出重区和营造氛围。假如房屋居室空间过高,采用向上投光的壁灯,将墙面分出明暗两段,过高空间就有了合适感。如果房屋居室空间过低,就配装向上四周顶面照射的灯光,就会使空间变得高远的感觉。在墙面上挂有装饰画,需要显示其醒目的效果,便可以配用小射灯突出重点,将装饰画变成墙面上的视觉中心。这种强调重点区域的做法,可进行多方面的应用。还有是给予营造氛围和改变装饰环境气氛的谋划,也能配装灯具和变换灯饰色彩上感觉出来。以变换灯饰色彩会给予装饰居室焕然一新的成效。这种以变换灯饰色彩改变装饰氛围的做法,比较其他做法来改变装饰特色,显得简单、经济和实惠得多,且效果还要好。如图 4-13 所示。

图 4-13　装饰灯饰更新谋划抓关键

七、配饰更新谋划抓关键

在二手房屋装饰竣工后,显然要给予后配饰,最好进行统一性谋划比较合适,有利于居室使用成效的提升。后配饰是相对于装饰而言的。房屋居室装饰是依据业主的意愿进行的。装饰装修竣工后的配饰,通常是由业主及其家人来做的。如何提升装饰风格特色品质和品位,配饰更新作统一谋划,比较由业主及其家人自行主张,要顺畅和容易得多,效果也会好得多。谋划必须善于抓关键,给予业主及其家人提出明确要求。最好由谋划设计陪同一起做,则显现出更负责任的态度,更有利于装饰成效的体现和实用、适用及使用。

配饰更新谋划必须抓关键,主要善于依据装饰风格特色,进一步地将装饰成效展现在业主及其家人面前,居住时感到安全放心,使用觉得舒适适心,视觉体会快慰应心。谋划出的配饰品,包括窗帘、台布、坐垫等布艺、床上用品,以及能衬托出装饰风格特色的家具和壁挂等工艺品。对于别墅之类独立体的居室装饰配饰,还可以将室内外的绿化工程算作配饰内容。由此,可得知配饰能给装饰装修提升品质,具有很明显的作用,既给予装饰实用有着补充和完善功能,又给予装饰美观造成实际成果,同是给予装饰从业人员,尤其是对作谋划和设计的人员专业素质和艺术造诣的检验,不可以马虎对待,必须做好和做出高水平的成效。

从过去的实践经验得知,二手房屋装饰配饰范围广泛,内容多样,功能多项,色彩丰富,涉及到行业、工种和人群,以及艺术造诣,不比做房屋居室装饰逊色,是一个造福业主及其家人的系统工程,必须要抓住关键,把谋划工作做到"点子"上,才能为装饰装修增光添彩,提高品质和品位创造条件。

仅以谋划家居布艺为例。在装饰装修行业中,布艺配饰相对装饰"硬饰",被称为"软饰",其作用是柔化居室内空间生硬的线条,赋予居室温馨的气息,清新的式样,典雅的外观,浪漫的情调和华丽的格局,其功能成效是多重性、多样性和多类性,不可以替代的,能给予装饰成效更加完善、更加完美和更加完好的功能提升,让业主及其家人享受到新生活甜美。如果在谋划中做得不好,不能抓住关键,致使出现差错,就会给装饰成效逊色不少。客厅装饰很靓丽,也很适宜,在配备沙发时,不做好的谋划,从体积到色彩,不顾实景实情,仅凭业主个人兴趣作配饰,结果造成体积过大,将客厅挤得满满的,色彩同装饰风格也相差太多,很不协调,必然会造成视觉和使用的困顿,出现难堪的状况。由谋划不周,或者不作谋划造成的,是不利于装饰装修工作健康发展的。

为做好配饰更新谋划,就是要善于抓关键。将配饰家具、布艺、床上用品和壁挂等,按照装饰特色和实用要求提出配饰方案,尤其在色彩、式样和摆放格局上,都要做出详细的布置。这样,既不会影响到装饰特色,又能给予业主一个高品位成果的享受,还有机会展现个性特征。做配饰更新谋划抓关键,就是要求后配饰同装饰特色相匹配,色彩和谐,风格协调,实用方便。如果不能做到这个样,就有可能造成装饰后的整体效果,既不协调,又不匹配,还有可能出现不伦不类,会给装饰美观和实用大打折扣,会让业主及其家人产生不愉快的情绪,造成矛盾发生,出现不必要的纷争,既不利于业主生活安定,也不利于装饰工作开展。如图 4-14 所示。

图 4-14　装饰配饰更新谋划抓关键

第五章 二手房装饰技艺窍门

二手房屋装饰,比较"一手"商品房屋装饰,不是简单容易,而是更显烦琐和困难。虽不好做,还必须得做好,又不能出现任何的差错。因此,需要方法和技巧来把握,也许会减少困难,变得容易,不那么繁杂琐碎,给业主和装饰从业人员都有益处。这种装饰方法和技巧的把握,主要体现在把握好质量要求、风格适宜、特色独有和效果明显,让业主及其家人满意,观赏者好评如潮,不失为成功装饰装修,有利于该行业发展。

第一节 二手房装饰质量要求窍门

作为二手房屋装饰装修,是同任何房屋装饰一样,都是有着质量要求和质量验收标准的,必须按照标准和要求把关与验收,才能让业主信得过放得心,得到满意的评价。

二手房屋装饰质量要求的把握,主要应当体现在材料选配把好关,隐蔽工程把握好、施工质量严工艺、竣工验收定档次和后期配饰增奇效等,做到装饰装修质量层层把关,事事把关,处处把关,至始至终把握住,不能出现任何问题,让业主满意和放心。

一、材料选配把好关

对于二手房屋装饰质量,分内在和外表两个方面。内在质量是保证装饰装修质量的根本,决定工程成功使用和不出现任何问题的保障,由装饰材料质量好坏决定。外表质量是体现装饰表面的视觉效果,美观好看,给予业主及其家人心里上安慰程度,由工艺加工好坏确定。由此,可看到对于材料选配,不仅是个品种,品牌的选配,而且关键上是品质的选配,有好品质材料,才有可能产生好品位的装饰工程质量。对装饰材料的选配,既由装饰工艺确定,也由装饰档次高低选定。最重要的是要把好材料选配质量关。从建材生产到进建材市场,再进入到装饰施工现场,以及在施工过程中,都需要层层把关的。只有每一道关把住了,应用到实际工序和工艺中去,就能从内在到外表保证装饰装修质量不出问题。假若材料选配工作不认真,不仔细和不严格,处于一种随意性,或者是有意识地偷工减料,以次充好,马虎应付,就很容易产生诸多质量问题。即使在工序验收中发现了,也会给工程质量和装饰从业人员造成诸多的麻烦,甚至给居住和使用带来安全隐患,千万要保证装饰材料选配关的。

要给予装饰材料选配把好关,不是一个简单和单方面的事情,而是一个复杂和多方面的情况,必须层层把关。业主从签订装饰合同和购买材料协议开始,明确材料质量责任关系,确定把关要求,以及承担相关的法律责任等。在实际操作把好材料质量关中,由装饰公司,业主和材料生产厂家(或者材料代理商),如有质量监护人的,对每一项材料,每一个品种,每一种工艺用材,都要实行同到现场,同做验收,同把关口,丝毫不放过任何一个细节,使进入施工用材,必须确保质量万无一失。如果稍有疏忽,都可能造成矛盾,带来不必要的麻烦。如今,装饰选材用材有多种形成,有由装饰公司承包选配的,有由业主自身承包选配的,也有由材料商承包选配,还有是由业主包选主材,装饰公司包选辅材和配件等。无论采用哪一种方式选配材料,都必须由装饰人员,业主和材料商三方,或者有由监理人,同时作出质量监督管理,以确保装饰用材选配质量,是过得硬,靠得住的。

在通常情况下,装饰装修材料选配质量验收把关是很严格的,不但要认真查看材料生产质量验收单,仔细检查生产厂家、品牌名称和品种细节,而且严格验收材料规格、数量和质量,甚至在施工使用过程中,发现材料疑问和问题,还会将材料经营代理商、装饰管理人员和业主,同时约到施工现场,一起分析原因,查找质量症结,确定责任承担,也不会让有质量的材料用于工程上去。每次验收材料质量情况,到场把关人员必须签字认定。在施工或使用中,发现了材料质量,在分析出原因后,还是由相关责任方承担责任的。

凡是由有资质、营业执照和技术人员的正规装饰装修公司承担的二手房屋装饰工程,基本上是讲诚信,避免质量问题。因为装饰施工质量保证期2年时间,水电隐蔽工程质量保证期5年,这都是无偿保修。这样的装饰装修公司是以其信誉担保,不会冒材料选配不合格的质量风险。倒是由"游击人员"即个体装饰装修从业人员承担的装饰工程,经常出现用材质量不合格,给业主及其家人造成伤害的质量事故。

二、隐蔽工程把握好

给予二手房屋再装饰,一般都会做水、电路(含弱电线路)的改造。这是装饰的重点工程,并且都是以预埋隐蔽的方式进行的。从专用水管路到厨房、卫生间,再到生活阳台中专供洗涤的洗水机和清扫卫生用的拖把池使用用水管等,都是以预埋水管的隐蔽方式做的。厨房的各种专用电器、客厅、卧室等居室的专用空调、各居室的取暖等专用电线路，以及各居室里专用的弱电线路，网络线、电话线和有线电视线等，也都是以预埋套管线路隐蔽方式进行的。其选材和施工质量都是需要无条件保证的，不能够出现任何问题。不然，会给予业主和装饰从业人员造成很多的麻烦，费工费时和费材，带来的损失，是谁也不愿意面对的，必须把好隐蔽工程质量和安全关。

　　同样，属于隐蔽工程的还有木制工艺的基础部分木龙骨、基层板面，储藏柜的基本构架，地面基层和墙面基底，以及家具涂饰层的底面层等。针对中国黄河以北广大区域，由于防寒需要做地暖的预埋件，都是属于隐蔽工程。所谓隐蔽工程，即是指在施工中，已经结束的一道工序，被下道工序掩盖和封闭，从表面上不能再直观看到，或者是在完工后，因被掩盖无法进行质量检查的部分，被掩盖的装饰表面的内部结构和管线工程。这类工程往往是造成质量和安全的隐患来源。例如，吊顶的内部构造有木龙骨、吊挂件、连接件、基层板和紧固件等，哪一道工序施工完成后，都会被饰面板掩盖住，从表面上不能够再直接观察得到，其施工和加工质量符不符合要求，都只能在施工中把握住质量关，不能从整个工程完工后做验收的。这样的隐蔽工程，虽然不如水管和电路隐蔽工程那样，会造成大的质量和安全事故，但会降低装饰工程效果。当整个工程完成后，由于这一类隐蔽工程出现质量差别，就会从内部向外部转化，影响到外观效果不达要求。

　　例如，墙面涂饰乳胶漆后，突然间出现开裂、起壳和皱皮，以及空鼓等质量问题，从表面上看是墙面做得不好，实际上是隐蔽在内的底层仿瓷做得质量太差，有打磨不平整光滑，形成的涂饰表面麻孔粗糙难看；有刮面不平和有很多砂眼及不均匀等情况，造成涂饰面层不细腻光滑，出现不平和砂眼的质量问题；有的因赶进度，在批刮仿瓷底层未干透时，紧接着刮二层或三层后，在外力作用下，先干外层，后干内层，或者在未等仿瓷层干透后，急于涂饰面层，最后造成空鼓、起壳和掉落的质量事故，致使整个顶面或者墙面重新返工，费时费材，还造成业主的很不满意。

　　同样，地面基层找平，先不做好地层表面的净化处理，又违背工艺施工要求，又不洒水湿透基层面，还不搅拌好水泥，干湿不均匀等，造成粉涂的水泥层与地面干燥的基层不融合，出现整个面起壳的质量事故，都是由隐蔽工程施工马虎造成的。更有甚者，在给予家具涂饰面层的时候，其隐蔽下的基层面做得很差，是明显粗糙基层，就急于做表面涂饰，出现"麻布袋锈花，越绣越差"的状态，给家具涂饰造成无法挽回的恶劣影响。

　　针对隐蔽工程质量，要求把握好，不是就水管电线这样一个狭隘的概念，涉及到整个二手房屋再装饰的质量美观。如果将每一道工序，按照工艺要求做好了，把握住隐蔽工程的质量关，就等于做好装饰装修基础质量，犹如磨刀不误砍柴工一样道理,不但不会耽误装饰工程完工进度,反而会给予装饰做出高品质和有品位的成效有着把握性。在装饰实践中,往往是为赶进度,不严格按工序和工艺要求操作,将隐蔽工程做得马虎,或者想省略,就要做饰面工序,结果造成过不了隐蔽工程质量关,重新返工再做隐蔽工序,出现想快反而慢的状况,还造成声誉上恶劣影响和材料、工时,以及经济上的损失,实在是聪明反被聪明误的作为,得不偿失。为此,对于隐蔽工程,一定要严格把好每一道质量关,能经得起质量和时间的检验,为自身做出高质量,高品质和高品位装饰装修奠定好的基础。如图 5-1 所示。

图 5-1　装饰隐蔽工程把握好

三、施工质量严工艺

二手房屋装饰施工是项很关键的环节,质量好不好,能否做到满意,让业主及其家人相信装饰是改善居住环境,提高生活质量的重要手段,是由施工质量高低充分体现出来的。要做好施工质量,就得严格工艺,做好每一道工序,认真地和一丝不苟地把好了工艺质量关,才有可能实现目标的。

从现有二手房屋装饰过程,分为拆旧,土建,基层处理和泥、木、油、工序工艺等施工阶段。拆旧阶段,即将房屋内经过谋划和设计,认为需要拆换设施、墙体、旧装修面、地面和顶面等影响新装饰的所有,都给予拆除和清理干净,为新装饰做准备。土建阶段,即开始新装饰的基础工作,按照装饰设计方案,给予拆除,而新装饰又需要重新做的部位,先从打好土建基础开始,砌墙体,补缺口、粉顶面、墙面和地面等,也包括改造水、暖管和强、弱电线预埋,以及地面找平、基层防水等一系列同土建工序相关的工作。同时,还有新装饰的镶铺地砖、镶贴瓷片等泥工工序。基层处理阶段,即针对于装饰造型、居室内"六个面"表面、做家具、做门窗套、吊顶和其他基础面,进行清理、打磨和刮底面的基层处理工序和工艺,这每一道工序和工艺是关系装饰装修上品质、有品位、美观漂亮的关键。细部处理阶段,即是针对家具、造型和居室"六个面"批刮仿瓷等细致打磨、补充和处理好所有需要做饰面涂饰的最后一道把关工序,为做好饰面完成所有工艺程序。水电完成开关、插座、灯饰和水笼头等辅助件的装配工序。如果工序安排紧凑,工艺做得细致,就能使装饰装修得到好成效。

在这里,对二手房屋装饰简单分成四个阶段,但每一阶段却分有多道工序,每一道工序都有着严格的工艺要求,一点也不能敷衍的。像土建工序,似乎是很粗糙的活儿,却一点儿也马虎不得,稍有粗心大意,就达不到工艺要求。例如,改造水、暖管道和预埋强、弱电线路开槽的土建工序,表面上看是熟练工干的,开槽使用切割机操作,必须是横平竖直、深浅合适,符合预埋工艺要求。电线从管道里穿过,有的部位还须实施套管保护好,线管铺设完成之后,对接线要应用欧姆表测试有无问题。电线接头除将两接头绞一起外,还须使用锡焊接固好,才能确保接线质量。水管道接好必须做漏水试验,应用打压设施进行试压检测,对每一个接头处进行认真细致查验,确认无漏水问题。电线路要分别开强、弱电线,其水平间距不应小于 500 mm。弱电线插座孔和强电线插座的水平间距也不应小于500 mm。铺设的强电源线必须选用塑铜线。线路布局要严格遵循"火线进开关,零线进灯头"的原则。插座接线做到"左零右火,接地在上"。接线不能简单地使用绝缘胶布把两根线头缠在一起,必须要在接头处进行锡焊焊固,并用钳子压紧,才能避免线路过电量不均匀而容易造成老化。电线路同暖气、热水、煤气管道之间的平行间距不应小于 300 mm 交叉间距不应小于 100 mm,以确保使用安全。

水管安装,冷热水管上下平行时,热水管路在冷水管路的上方。穿越墙面打孔,应在打墙孔上标出中心位置,孔洞要打得准确和平直,不能出现大的偏差,以用十字线标准中心做法,使得孔洞中心同穿墙的管道中心点要相吻合。管道连接一般采用螺纹连接方法,将管端拧上带内螺纹的管子配件,再连接其他管道,连接质量能经得起打水压力 1.0 MPa,不出现渗漏水问题,确保工艺质量过得硬。

针对各个基层处理的工艺要求和施工质量都是很严格的。仅以木制作基层处理为例,无论是木龙骨、门框门套和木框架结实和紧固质量,内部结构、平整度、吊挂件、连接件、紧固件安装和加工是否都是按照工序进行,以工艺标准施工,材料选用是否遵循合同规定的品种、品牌配备,质量是否靠得住,都要在加工中严格检查验收。特别是有着防潮和防火工艺要求的,必须都要遵照规定施工,一点也不能偷工减料和马虎敷衍。在基层处理验收中,不要放松质量检验要求,即使是地面找平和整平都是按照平不平整,光不光滑,符不符合下道工序施工标准,也是要求严格检查验收。针对二手房屋的装饰装修,会存在不少意想不到的问题。例如,地面、墙面有油污、杂质之类不符合下道工序施工要求的,必须千方百计地处理干净,不能出现糊弄的情况,会给装饰质量埋下隐患。要给予清理干净,符合下道装饰施工工艺要求。否则,为验收不合格。在进行返工达到标准后,方可进入下道工序。例如,墙面基层处理,是必须要做彻底的清理和打磨的。这是在底面材质进行认真检查后,符合现行装修饰材的施工标准,才只需要这样做。如果墙面底层材质不适于新材装饰质量要求,还需要给予墙面底层进行彻底的清理干净,确定不会影响到批刮仿瓷黏结度后,才能够进行新工序的施工。在给墙面批刮第一遍仿瓷后,要进行认真和细致的查验,确定不会发生开裂、起壳、剥落等质量问题后,才能进行新一层的仿瓷批刮和打磨工序。

在装饰细部处理阶段,主要是针对饰面涂饰工艺施工,做好涂饰表面细部处理,达到平整光滑和靓丽美观的质量标准。无论是各个装饰造型饰面,家具,吊顶、墙、顶面和门套门扇页等饰面,都要进行表面涂饰,必须进行细致地打磨处理,符合工艺质量标准,才能实现高品质、高品位和高质量要求。例如,家具涂饰施工工艺分为透明涂饰和不透明涂饰;表面涂饰光泽质量要求,分为明光、亚光和无光涂饰。这样的任何一种涂饰,都是要求涂饰面做得细致光滑,无瑕疵和无砂眼,平整光洁。尤其是做透明涂饰,几乎不能影响到原有表面的纹理图案,又要表面光洁平实,其细部处理一定得做好,不然,达不到涂饰工艺质量标准。做透明涂饰,最困难是有钉眼装配的面层,必须认真细致地将钉眼处理平实光洁。若做得不好,往往出现返工,还让业主及其家人产生不满情绪。

针对不透明表面的涂饰,则要按照涂底漆、刮腻子、打磨平整光洁、涂中间层、细磨和涂饰面涂料(漆)等多道工序。每一道工序必须依照工艺标准认真细致地做,仅有一点儿疏忽,都不能达到施工质量要求。可见,涂饰工艺施工质量标准是相当严格和高标准,必须做得认真细致,才不会出现质量问题,让业主满意和装饰从业人员心安。如图 5-2 所示。

图 5-2　装饰施工质量严工艺

四、竣工验收定档次

从业主到装饰从业人员,对于二手房屋的装饰成效,都期盼是有风格,讲特色,显个性是最令人满意的。由于存在多种原因,会出现多种情况,呈现出多种效果。

在装饰装修竣工验收中,因为不同工序,不同工艺,不同材质,不同设计和不同施工,以及配色和配饰,致使装饰效果出现高、中、低不同档次。这是一个综合性的评判结果,不能仅凭投入资金多少定档次,需要凭装饰质量高低和给人视觉感受好坏定档次,才是比较客观公正、公平的。既不由装饰从业人员来评判,又不由业主及其家人自我去感觉,而是由局外专业人士作决定,才是比较适宜的。不过,作为业主及其家人,还是可以根据自己的情趣和喜爱,做出满意与否的评定的。

针对一个装饰装修成果,评判其档次高低,显然是要依据装饰谋划、设计,选材用材,布局合理,色彩协调和施工精确,以及配饰适宜等作评判,而对投入资金多少是不做直接联系的。重点是抓住谋划设计巧妙和工艺施工精致,起着决定性的作用。由于谋划设计很一般,施工工艺质量又不高,色彩调配无特色,即使投入资金比较同类装饰项目高出一倍,甚至几倍的状况,也不能作出理想档次评定的。还有可能做出浪费资金和高档材料评判的嫌疑。由此可见,做装饰装修是有着专业水平和技术能力差别不同,有专业水平高和技术能力好人士,做出的装饰效果,就是不能同比,却是要技高一筹,做出的高档次的装饰装修大多投入并不是很高的。主要体现出谋划设计很有特色,色彩搭配也很协调,施工做得规范精致,细部处理很体贴入微,从装饰内部品质和外部质量,都令人感觉很舒服,有着耳目一新的体会。尤其是装饰特色部位,能给人眼前一亮,徒生兴趣,让人叫好,有着留连忘返的功效。

通常情况下,二手房屋装饰,分有简装和精装区别。简装房屋一般是指住房内部只作简单的装修,将大多居室内的地面、墙面和顶面不做装饰,只给厨房和卫生间的地面、墙面和顶面做一般性的装饰;卫生间里有中档的卫生设施厨房内有料理台和洗涤设施。简装房屋没有档次分别。精装房屋则分高、中、低档次。针对精装房屋评判的标准,是依据居室内装饰精致程度,精确效果和精心档次作分别要求的。可具体到装饰家具、装饰部件、装饰部位、装饰"六个面",即装饰的墙面、顶面和地面,以及装饰质量高低,视觉效果感受,选材用材和色配成效等,都是作为评判装饰档次高低的基本条件。二手房屋装饰达到高、中档次,就是根据居室装饰的效果等情况进行的。虽然评判不依据业主及其家人的感觉做的。却从谋划设计到选材,配色和施工,其前提条件是依据业主的个性特征和情趣爱好开始进行的,装饰风格特色也是由业主确定的。装饰的效果,以由局外专业人士评判得出,才显示出真实性。只有认真、严格、精心和精确地按照业主意愿,审美情趣和装饰特色做出,以显现出独有风格,靓丽视觉和实用成效,才能得到业主及其家人的青睐,得到竣工验收好的评判的基本条件。如图5-3所示。

图 5-3 装饰竣工验收定档次

五、后期配饰增奇效

从严格意义上,后期配饰还不能完全算做二手房屋装饰质量把握之内的重要方面,却能给予装饰质量效果增光添彩,起着妙趣生辉的奇效。每当装饰工程竣工验收确定合格之后,由于"重装饰,轻装修"的原故,有的装饰一时还看不出明显成效,只有在按照谋划设计的配饰补充后,其装饰效果才可充分地呈现出来。为此可见,后期配饰的功能作用,不但有着实用价值,更重要地是能美化居室,提升装饰品位。

后期配饰能起增奇效作用,最好由负责装饰装修谋划设计的装饰从业人员统一来做,有利于装饰风格特色的凸现。同时,可以由有着审美情趣和艺术功底深厚者来做,尤其可以由这方面造诣深厚的业主自己做更合适。主要是二手房屋装饰,基本上依据业主的情趣和生活需求做的。在现实中,由于大多数业主及其家人,仅凭直觉和热情来说,并不懂得配饰的艺术作用,往往出现的不是给装饰增奇效,反而给装饰带来"画蛇添足"的负面影响,倒不如由装饰从业人员统一谋划设计装饰和配饰,将"硬装"和"软装"协调好,还是能给装饰效果增奇效的。而且,这种应用后期配饰手段完善装饰不足和缺陷,不仅是一时的功效,还是长期性和变化不断的。随着业主文化素养和生活阅历的充实,应用好后期配饰方法,会对装饰成效起着越来越大的作用,增添奇效是完全可以实现的。

运用后期配饰为装饰装修增奇效,主要是针对装饰风格和特色进行的。特别是在装饰竣工验收合格后的居室内,需要进行"填充"物件,而这些物件必须是居室使用,有利于提升装饰品质和品位,突出装饰特色,凸现装饰成效,在空荡荡的居室内,将业主及其家人喜爱的造型、色彩和个人情趣,以有用的物件充实起来,不仅使装饰的居室实现了美观的成效,更重要的是让业主的实用得到落实。不过,后期配饰一定要做到适宜、适应和适用,不能造成多而无用,大而无用,杂而无用的现象,这是不利于装饰成果提升品质和实用性。

假如业主及其家人,不具有良好的审美功底和艺术素养,最好是多听从装饰从业人员的建议,以借助其专业水平帮助自己做好后期配饰是一种不错点子。原因是装饰从业人员经历多、兴趣广、专业强,虽然不能将业主意愿应用装饰方法完全表达出来,却知道应用后期配饰给予弥补缺陷和不足,以促使装饰特色更加充足和完美地呈现出来。同样,如果业主能主动地征求装饰谋划设计人员的意见,并将其意见和自身爱好、审美情趣有机地融合于后期配饰中,必然会得到正确有效而又符合自己心意的效果。这样的后期配饰成效一定会比业主个人做的要好得多,更有利于实现装饰上档次、出品位、有特色。如图 5-4 所示。

图 5-4 装饰后期配饰增奇效

第二节 二手房装饰特色突出窍门

装饰特色，主要体现在凸显个性独有特色，凸显安全实用特色、凸显意识超前特征和凸显细节常改特征等，以反映出业主的人文素质、文化品位和艺术素养，体现出不同二手房屋装饰特有的成效。

一、凸显个人独有特色

二手房屋装饰，最重要和最让人企盼是需要凸显业主个人独有特征。现时代最强调凸现和发展个性，对自己的房屋进行装饰装修，业主是最愿意展现个人独有"标识"的，以此显现自身的素养、情趣、品位和特征。"家的装饰特色，就是我的特征"，已日益呈得清晰可见。这样，给予装饰从业人员一个很明确的工作信息，也是一个极难把握好的职业作为。

二手房屋装饰，即使是作为长期性居住，或者是作为过渡性的，只要是选择精致装饰装修，都不会错过体现个人独有特征，绝对不再"人云亦云"，进行没有个人特征的装饰事情。即使是选择了同样一个装饰风格特色，在选材、选色和选形等方面，却是以业主自己喜爱、情趣、舒适和看好的，作为个人装饰"标识"来体现，不会存在同他人一样做法的。甚至会有业主为凸显个人独有特征的装饰效果，不仅仅从装饰造型、色彩和功能把握上要求这样做，而且还从选择家具和后配饰上，更要求这样做，尽情地把自己的独有爱好、情趣和性格"标识"呈现出来，以凸显个人与众不同的特征。

由于每个业主的性格、情趣、爱好和情况不相同，自然而然地会从二手房屋装饰上，大胆地表现出来，已成为不争的实事。尤其是有的业主为了更好地利用二手房屋装饰装修的机会，特意地表现自己的爱好、情趣和个人才华，对装饰从业人员根据自己的意愿作的设计方案，感到不能完全如其心愿，便由自己动手作出更明确的表达方案，从装饰色彩、造型、选材和功能要求上，提出很具体的要求，特色，由装饰施工人照着操作不准走样。例如，对于色彩的运用，有的业主，不再按照原有选定的装饰风格特色，任由装饰从业人员照搬硬套地去做，而是大胆地创新色彩，依照自己喜欢的色彩来显示个人与众不同的性格特征，以此又能改变传统的"四白落地"的状态，以彰显其二手房屋装饰的不同寻常。同样，在装饰功能化上，也以自己感觉舒服、舒畅和舒适为个性展现，并不看重风格、特色，只要从自己的视觉和心里感受实用、方便和符合心愿就行。如果遇到从房屋装饰上，认为不能完全表达出个人独有特征时，业主就会从购买家具和后期配饰上作适时、适宜和适当的弥补,以尽情地凸显个人独有特征。

　　然而,作为装饰从业人员,要做到二手房屋装饰能凸现业主个人独有特征,满足不同业主的心愿要求的目的,除了尽量地尊重业主及其家人的意愿外,应当从个人专业的角度上,尽力帮助实现这一目标。从与业主的沟通中,及时地将自己的理解和认识转达给业主,让业主更多地懂得如何来凸显个人独有特征,这样的做法,会更有利于二手房屋装饰业的健康发展,也有利于装饰从业人员自身素质和专业水平的提升,还是给予业主和装饰从业人员相互理解,融洽和合作的机会。从装饰装修专业要求上,能真正对二手房屋装饰专业了解多、理解深和认识好的业主并不多,如何更好地利用装饰"语言"和形式凸显业主个人独有特征,还得由业内专业工作人员做到更到位、更贴切和更适宜,切不可任由业主外行做过多的主,容易出现不必要的纷争,到头来还得由装饰从业人员来解决,就不是一件令人愉快的事情。如图 5-5 所示。

图 5-5　凸显个人独有装饰特色

二、凸显安全实用特色

　　对于二手房屋装饰,要凸显安全实用的装饰特征,显然是一个公认不争的事实,无论是对房屋居室功能划分和空间的重新分割,还是做装饰结构和家具框架,以及装饰隐蔽工程,地面铺材等,都是在围绕着安全实用竭尽全力,尽心尽力做出让业主非常满意的成效,既是体现装饰装修方法的作用,又是反映从业人员工作能力的检验尺。

　　从以往进行的二手房屋装饰情况表明,凸显安全实用装饰特征,不仅仅是体现出对装饰职业的严格要求和态度的检验,同时对业主生活质量提高明显,对其居住环境、活动环境、休息环境和储藏环境等是个明显改善及保障。

二手房屋装饰,无论从哪个角度衡量,安全应当是最重要和最关键的。从其房屋结构、使用年限和建筑材料等多方面,不能同"一手"商品新房屋相提并论的。业主最大的担忧和期盼,要求二手房屋经过装饰装修,不能给予其留下居住和使用安全隐患,必须是使用安全和居住安心的保障。这一点应当成为二手房屋装饰从业人员永恒的主题,不得出丁点差错,不能存有侥幸心理。至于说装饰后的二手房屋必然凸显实用特征,更是不能存有任何的质疑。随着房屋居住和使用功能的改善,反映着业主喜爱的特色,针对有的放矢的装饰装修,从业主喜好和需求出发,尽量地体现出个性化的装饰特征,尤其是从维护以人为本的观念作为,以做出健康温馨的二手房屋装饰出发,应用绿色环保材料,慎重使用有污染的产品,在居室空间高度不足 2.8 m 的状态下,都不要做大面积吊顶,或者利用高度空间做储藏柜,或者利用不规则空间做各种用途柜等,既活跃了居室空间,不再是平坦坦地一块,又不至于给业主造成压抑感,却是给予业主心里豁然开朗,形成心情舒畅的感觉,认为这样的装饰装修是安全和实用的。

为使二手房屋装饰,能凸显安全实用的装饰特征,必须善于利用各有效的装饰手段,在确保安全的前提下,能尽可能的克服以往二手房屋储藏功能不足的缺陷。在装饰装修谋划布局时,巧妙地利用有限的空间,最大限量地满足储藏的需求。这种最大限量是体现尽大可能的将各空闲多余的空间利用起来,真实而有效地创造条件,依照不同空间进行多种多样的造型和包装。例如,阳台、墙角和厨房上部空间等部位,既可做吊柜、吊橱、转角柜、落地柜和夹柜等,又可做出各式各样的造型做欣赏之用,还可在暖气片、落水管做包装时,把空闲间做成高柜、长柜、箱柜和承架等,都能起到实用成效。同时,还可以在制作床架时,将床底空间部位也装饰成活动的储藏物件的抽屉和矮柜或者储藏箱之类,为增加和扩大储藏量,减轻储物压力做最大实用成效。

同样,为达到凸显安全实用的装饰特征成效,并可在铺设木地板这样的绿色环保材料之外,还可选择铺设安全实用的香竹地板。这种地板比较实木地板价格相对偏低,又完全是纯天然的材料,相应天然木材料,竹质天然材资源生长期短,材源广阔,加工成地板使用,既有着质软弹性好,耐碰撞,通气防潮和清洁卫生等安全实用成效,又有利于人身健康,显现出很环保健康的效果,也符合趋向性"低碳装饰"的要求,可作为地面、墙面和顶面首选装饰装修材料,能提升装饰安全实用品质。如图 5-6 所示。

图 5-6　凸显安全实用装饰特色

三、凸显意识超前特色

从事二手房屋装饰,比较"一手"商品新房屋装饰,应当注意到凸显特征的变化,不应当同等对待,有利于业主使用和灵活性要求。一般状况下,购买二手房屋者,大多是出于资金拮据,或者做短期过渡性使用;或者做环境更换等,进行房屋装饰是为改善居住条件,不让人感到太寒碜和处于尴尬地步,应用凸显意识超前装饰特征方式,是一种很不错的主意。

运用凸显意识超前的装饰特征,是要依据以往装饰装修经验,提高对装饰行业的理解和认识,感觉有必要摒弃粗放和奢华的修饰做法,主张选用简洁和通俗的方式,能为未来再装饰埋下伏笔,提供创新便利。做到装饰造型上不宜过于复杂和花哨的式样,能够留下较大追求时尚的空间,以获得业主对空间潜在的要求。在恰当适宜的时候,再做耐人寻味新变化,或者是为灯饰作用和后期配饰创造有利条件。同时,也是尽可能地为多年后的生活发展需求留有空间。因为,电气化、智能化和自动化对居室生活影响日益显得快而大,广大的业主必然会紧紧抓住这样的机会,提升自己的生活品质和品位,很需要为凸显意识超前的居住使用生活,提供更多的便利条件。

这不是现在的业主能够始料得到的,关键是受到快速社会变化的影响,个人观念得到不断更新,理性认识取代了盲目追求,业主对房屋装饰体会日渐成熟,感觉也不同于以往,把过去的高档装饰,简单看作是使用昂贵装饰材料的堆积,才能展现豪华气派的成效,就是居住品位的提升。实践检验并不是这样,从中得到不少的启迪。随着社会变化和经济富有,以及装饰行业的迅猛发展和成熟,无论是次新房屋的装饰装修,还是旧老房屋的装饰改善,都在不断地推出装饰新风格和新特色，一般在很短的时间就有着新变化。还有着新材料和新工艺的应用等，便会使得装饰时间并不久的二手房屋，就显得不很新颖。同时，业主对居住意识感觉也随时在发生着变化，审美观念也日渐成熟，追求新颖，追求舒适，追求健康的意识，已成为不可阻挡的趋势，支配和影响着现代人的思维观念后，就会迫使着业主思想不停，观念更新，意识进步，促使行动上发生极大的变更。

不仅这样，而更重要和起着决定性作用的是，追求新生活、新时尚和新感觉，是促使意识超前的根本因素。在业主的头脑中，现在装饰装修条件距离"绿色环保健康"装饰还存在差别，不能满足心存高远的业主心里要求，也存在着面对不断发展的潮流和业主自身追求的时尚的心境，也已不适应，必须需要采用一种适宜的方法给予弥补，却又不需要投入过多的资金和精力，就能够实现心理的追求，也是需要具备着超前意识的。

为具备着凸显超前意识的装饰特征，一方面需要从二手房屋装饰中做好文章，选用现在流行的"重装饰，轻装修"的做法，给予追求时尚留有空间，另一方面则采用最简洁、最简单和最直接的做法，在做装饰装修时，给予灯饰作用留有足够的"用武之地"，充分发挥灯饰色彩变化的作用，改变简洁装饰居室的色彩和特色，让业主从中深切体会到无穷无尽的乐趣，以满足从不感觉达到目标的心里追求。如图 5-7 所示。

图 5-7 凸显意识超前装饰特色

四、凸显细节常改特色

凸显细节常改的装饰特征做法,也是针对二手房屋装饰不陈旧,不落伍和不失色的需求,能实现常觉新颖,常显激情,常有情趣的目的。在有着凸显意识超前的装饰特征基础上,再实施凸显细节常改的装饰特征,给予一种很实在,起作用,见成效的做法,能让业主从中得到实惠和心理上的慰藉。

这种做法,主要建立在业主对装饰认识到理解,从一般到深刻,局部到整体,局限到开放,从意识变化到落实在行动上,以及个人文化素养,经济实力和情趣爱好发生变化的基础上,千方百计地时时改变已不满意的心里需求。

针对年轻型业主,其心理本就不是很稳定,有着很大的塑造性。特别是在日新月异的社会发展影响下,装饰装修行业也以突飞猛进的速度前进着,要求这一类型业主将变化的观念固定在现有的几种古典式、现代式、自然式、和式与简欧式等装饰风格上,恐怕是很难做到的。年轻型业主普遍喜好跟潮流、赶时尚,追求新颖的装饰风格特色,必然会有着其不同的心理念头,这是不太好把握。如今的装饰装修行业本身也在大力倡导创新,不断地改变着现有的装饰风格特色,以迎合各类型为主的需求。现实实践也清楚地告诉了装饰装修行业,每当创新出一些新风格和新特色的装饰式样,立即就会得到广大业主的青睐。所以说,这种常变常新的做法,就有着运用凸显细节常改的装饰特征的优势。既可改变现有的几种风格特色,出现不断变化的新式样、新特色和新风格,又可按照不同业主的心愿,在同一个风格上做多样性改变,以满足业主不断变化的心理需求,不失为创新装饰风格特色的一种好作为。

二手房屋在进行装饰后,已获得了让业主感到居住舒适,使用方便,视觉轻松,心情愉悦的成效。由于"人心不足"原因,过不多久,社会上日渐兴起华贵、庄严和深沉的装饰潮流,并且业主也随着年龄、经历和爱好的变化,日益对自己过去选择的装饰风格特色,又有点厌倦情绪后,不妨应用凸显细节常改的装饰特征手法,将认为需要变化的部位,不失时机地做些更改,就有可能满足,或者弥补变化了心理需求,既显现出业主追求时尚的表白,减轻厌倦情绪的压力,又可抑制住业主心理上的不平衡,转移欣赏兴趣,丰富对居住使用条件的阅历,利于业主身心健康。

其实,二手房屋装饰,变化风格特色是绝对的,不变化是相对和不定性的。一个时期,对于二手房屋装饰,兴起着重装修,轻装饰的趋势;过不多久,又兴起重装饰,轻装修的趋向,说不准,又会兴起一种装饰重,装修轻,或者是装修重,装饰轻的趋势,体现出来的从繁到简,从简到繁,讲究不同特色,重视个人特征,注重环保健康,显现实用舒适等,反复不停不断地在变化着,其目的是随着社会进步和业主对生活质量的要求提高,必然是向着高标准和适合业主需求的方面发展。例如,现时代倡导的"低碳装饰"的趋向,又成为业主普遍追求的目标,是有利于业主生活质量提高的。不过,要实现这一目标,不可能一蹴而就,只能从相对角度体会。感觉和接受。按照二手房屋装饰要求,尽可能地做到用材、施工和工艺上,不要出现同"低碳装饰"相违背的问题,更不可发生直接污染、公害和损害现象。

除了从装饰装修做法上,实现凸显细节常改的装饰特征要求,应用不断改变装饰细节、色彩和造型等手段促使装饰装修发生变化,获得新颖和活跃的成效外,还可以充分地利用家具摆法常变化的做法,同样可以实现常改常新,改变心理厌倦情绪,提高对居室居住使用情趣,焕起装饰新颖、有趣和新鲜的感觉。例如,将不同居室窗帘、床罩和其他布艺品,做经常性交换悬挂和使用,必然会使得居室色彩发生变化,给予业主及其家

图 5-8　凸显细节常改装饰特征

人的视觉出现新意、新鲜和新颖的感觉,降低厌倦情绪,为二手房屋装饰凭添了不少情趣。如图 5-8 所示。

第三节　二手房装饰效果明显窍门

二手房屋装饰效果要明显,才能真正显示出装饰风格和特色突出,达到预期的目标。如果不能呈现效果的装饰,就不是成功和满意的装饰,反而是令人失望的。这样的情况发生得多了,不仅仅是业主不允许,恐怕是装饰从业人员自己也不觉得光彩。所以,要做到装饰效果明显,就得不断地创新,使新成果如雨后春笋般地涌现出来,让业主充分感受到装饰装修的朝气和活动。其主要体现在呈现实用方便、新颖情趣、潮流独特、环保健康和经济实惠效果等,好似一股春风吹拂,推进行业蓬勃发展。

一、呈现实用方便效果

针对二手房屋装饰,在现有情况下,业主最基本和最大的愿望,就是体现实

用和方便。实用,是针对装饰前的情况而言的。二手房屋是现房,不做装饰装修,同样是可以居住和使用。只是使用起来不觉顺利、舒适和美观。做装饰装修就是要解决不顺利、不舒适、不方便和不美观等,以达到很实用的目的,并且是有着本质上的区别。不但使用起来得心应手,觉得很舒适、舒坦和舒畅,而且使用功能能得到齐全和扩展,不再是显得无效性、徒劳性和浪费性,视觉上比较装饰前的感觉,发生着翻天覆地变化,舒服多了,给予业主的居住环境和使用条件是个实实在在的提升,不再是一种愿望。

呈现实用方便的装饰效果,对于二手房屋装饰应当是全方位的,不但是公共活动区域,私密睡眠区域和其他辅助使用区域等,其实用性均让业主及其家人能深刻感受到的,而且在储藏物件,使用操作和进出行走等多个方面,也要让业主及其家人倍感装饰装修前后的明显区别。例如,针对卧室的装饰效果,从表面上看,卧室是用来睡眠和休息的区域,其实,更大的实用性是存放家庭中的被褥、衣物和贵重物品等。随着人们生活水平的改善和不断提高,大多数业主及其家人的被褥、衣物和贵重物品,不再像过去那样笼统地堆放在一起,不分档次,不分季节,不分使用方便性,一味地堆放在一个柜内,或者高高地叠垛在床头搁板上和床架顶上,要使用的时候,临时寻找,将叠垛的衣物被褥翻过一遍后,方可找到,既费时费力,还给居室里储藏物弄得很乱,需要重新整理。二手房屋做卧室再装饰,最关键地的是,要解决好储藏实用和方便问题,致使储藏有着足够的空间,能够给予被褥和衣物等储藏,按照不同季节、不同人员和不同档次,分别放置整齐,做到使用存放很方便,不再出现紊乱状态,打开柜门一目了然,轻松、方便地顺手拿到要用的衣物,做到存取有序,充分感到实用方便成效。

同样,要充分呈现出实用方便效果,还应当体现在辅助使用区域。辅助使用区域包括厨房、阳台、卫生间和行走线路等。对于业主及其家人生活、方便是很重要的,做得好与不好会给业主一家人的身心健康和劳动强度造成很大的影响。例如,厨房对于中国人的家庭生活使用显得很重要,是个使用率很高的区域。经过装饰装修后的厨房应当显得很实用,操作方便,从取材、清洗、备餐、烹饪到盛装,再输送到餐厅都应当是很顺当的,不能出现过多反复多次的无效行动,让操作者觉得很累和不方便,也就是显得不实用。在清洗上也觉得实用方便,易于清洗,保持清洁,墙面、地面和顶面,只要是做清洁擦抹,就能够做到干净如新,而不是费大功夫还不能做到清洁干净,也就不能显示出实用方便效果。像生活阳台能做到洗晒一条龙,足不出阳台,就能完成洗衣物和晾晒事项。

还有是对于各居室内的配置安排和行走路线,也需要充分呈现出实用方便的效果。从各个居室的布局到出入行走,不但要觉得行走方便,使用功能安排有序清晰,而且做到互不干扰,视觉效果也很舒畅。各个居室和居室内安排合理恰当,具有相对独立性。特别还注意到习惯上的忌讳性。例如,卧室开门不能见厅,或者卫生间。主卧室的窗户,尽量避免同邻居的门窗相对,以免造成生活上的尴尬和私秘出现泄露等问题。如图5-9所示。

图 5-9　呈现实用方便装饰效果

二、呈现新颖情趣效果

　　要使业主对二手房屋装饰很满意,必须呈现新颖情趣效果。可以说,二手房屋装饰的复杂程度,在许多方面不亚于建筑工程,涉及面多行广,同多学科、多专业和多行业有着千丝万缕的联系,集多产业、多技术、多劳务、多服务和多生活于一体的系统工程,也离不开业主对装饰的理解、兴趣和重视,从感觉上都是以一种愉悦、好奇、欣赏、喜爱和关注等联系在一起,更需要有着新颖情趣效果发生作用。

　　针对二手房屋装饰,本是显得很普通,或者次新和旧老的,或者大和小的房屋,在居住使用上没有多大问题。然而,业主却要花费一笔不菲的资金进行再装饰,并且这种装饰装修又不是个很简单的过程,而是需要做很讲究的精品式装饰,仅现代流行的风格式样,就有现代风格、自然风格、中式风格和简欧风格等,装饰风格还在不断地随着创新发展和扩大,特别像中国这样一个有着源远历史文化房屋装饰装修底蕴的国家,还在实施"拿来"做法,大胆吸收各个国家房屋装饰之长,充分地丰富中国房屋装饰风格,又能巧妙地同当今推崇出来的新工艺、新材料、新格调和新观念有机地结合起来,按照超潮流、超时尚、超风格和超特色的超前意识要求进行,为业主创造出不少新颖情趣的装饰成果,得到广泛好评。

然而,随着时代进步和社会发展,业主对于二手房屋装饰期盼会越来越高,标准日益严格,对新颖情趣会向着更广阔和更深层次扩展。例如,如今提出绿色环保健康装饰的新理念,在装饰装修用材选材上,要求无毒、无害、隔音降噪和不污染环境。在居室内,要求装饰具备生态环保功能,休闲活动功能和景观文化功能等。过不多久时间,又会有低碳、和谐、快乐、智慧和高科技。自动化等轻松健康装饰新理念,不断地呈现出新颖情趣的装饰要求,以减轻业主及其家人负担,提高生活质量,确保安全、舒适、健康和丰富多彩的居住生活,实现以人为本,改善民生,改进民意,改变民情,向着更高标准推进,都是很自然和显得是情理中的事情。

对于业主及其家人这样的需求和追求,作为装饰从业人员理应当有着先见之明,不能处于一个被动之中,让业主和市场推着感觉和反映,或者被迫着去做着呈现新颖和情趣的事情,显然是不利于自己职业能力提升和行业发展的。而是需要主动地去反映和实现新颖别致的装饰成效,由此给予业主引导出生活感情趣味来。既是给予业主做房屋装饰,提高装饰品质和品位,改善二手房屋居住使用便利创立好的条件,同是检验装饰从业人员专业功底高低一种好的方式,还是显现工作竞争能力强弱一个好做法,体现出装饰艺术造诣

图 5-10 呈现新颖情趣装饰效果

深厚的检验尺,越是装饰艺术造诣深厚,功底扎实,能力强盛的装饰从业人员,必然会得到业主的广泛欢迎,会给予用武之地施展才华。如图 5-10 所示。

三、呈现潮流独特效果

社会发展和时代进步,都有着潮流性的作用。潮流作为社会上的一种趋势

似乎很难避免。二手房屋装饰经常受到潮流性的影响,给予装饰从业人员和业主心里上,既是一种影响和压力,又是一种刺激和推动力。通常情况下,随潮流并不是一件太好的事情,但人的思想却又不敢不跟潮流,似乎不跟着,就有可能吃亏上当的感觉。二手房屋装饰同样存在这一类似情况。最好的方式,是将二手房屋装饰做出呈现潮流独特效果来。

从现有业主对于二手房屋装饰的认识和理解,其心理是呈矛盾型的。在一种潮流风格特色影响下,感觉不随潮流,就有着落伍的可能,但从思维深处还是要呈现个人独特风格特色的。不突出个性特征,又觉得失去表现自己的机会。作为装饰从业人员,需要充分地利用这种矛盾心理,做出呈现潮流迹象,又有着独特效果的装饰工程来,不失为一种好作为。从装饰风格和特色上,一定不要放弃依据业主意愿做装饰,会有利于最容易做出独特装饰成效来。至于不放弃潮流影响,主要表现在选材和用材上,是潮流性最明显和最深刻的呈现。

如果不这样做,就很难做出呈现潮流独特性装饰效果来,不受业主欢迎和感兴趣,也难以平衡业主心理和心愿。做二手房屋装饰,如果随潮流太过明显,从以往出现的情况,不会受到业主的更多兴趣。同时,对装饰从业人员也不会是件好事情,会失去广泛发展的空间和发挥特长的机会。针对任何一个装饰从业人员,总是重复着做一样的装饰,涂同样的色彩,用同一样的材料,不能呈现出变化的功能和式样,显示不出技能高低,只是机械式的作业,大众化的成果,必然会失去职业兴趣,降低工作激情,从而造成整个装饰行业没有竞争氛围,产生出懒惰、懈怠和应付的行为。这样做出的装饰成果,虽然是随了潮流,然而,等待潮流一过,新潮流兴起之际,就会有些厌倦和过期感觉。并且,呈现这样的潮流风格特色装饰,还不是业主的主动之意,只是一种被动接受,本就有些不情愿、无情趣、没情感,在短期内就会让业主失去对装饰成果的兴趣,也不是装饰从业人员心里上很舒服的事情。如果经常性出现这样的两厢不情愿,降情绪,减情感的事情,便会给装饰装修行业造成极不利影响,阻碍发展,缓慢进步,落后于社会需求,将是一种很悲观的事情。

这种无出路的装饰装修的做法,是经不起市场竞争考验的,现时代所不能容忍的。做出呈现潮流独特装饰效果,重要的是发挥装饰从业人员主观能动作用,大胆地走自己"个性"之路,运用自己的专业能力,清晰地表达不同二手房屋业主的意愿。所谓潮流独特效果,就是明确按照业主的意愿做装饰,而少受时代特征影响。事实上,受到潮流和时代特征影响是不可避免的。主要体现在用材局限和业主观念束缚,如果不能在"独特"上下些功夫,做好文章,必然会做出没有特色的装饰成果,既不会为业主所喜欢,也不会为装饰从业人员所看重。没有特色的装饰,容易被人觉得过时快,失去早,作为没有水平,无能力缺乏远见的装饰"代名词",是整个装饰从业人员都不愿意面对和接受的,不会有市场前景的。

做出呈现潮流独特效果的装饰装修,就在于能巧妙地运用装饰表达个性方式,创造出一个又一个装饰经典,以深动而无言的方式传递着每一个业主独有的素质信息、个性特征和文化品位,从而向社会和业主呈现装饰从业人员的技能高低、文化素养和艺术功底,为其职业前景闯出一条独特的道路,在激烈的市场竞争中,占有一席之地打下坚实的基础。如图 5-11 所示。

图 5-11　呈现潮流独特装饰效果

四、呈现环保健康效果

所谓环保健康效果,主要是指采用环保型材料进行二手房屋装饰,能确保装饰后的居室不对人体健康产生危害。就是说,从现有的装饰材料带来的装饰条件,将污染程度控制在人体允许的范围内,达到国家允许的标准。如今的房屋装饰施工中,使用的某些材料不可避免地会对人体造成一定的影响,有害化学成分,或者是放射性物质。无论是天然材料,还是人造材料,或多或少地存在着。从国际社会倡导的"低碳减排,绿色生态"的生活后,中国的房屋装饰积极参与到这一要求中来,提出"低碳装饰"的理念,尽量采用低碳装饰标准,即从谋划设计,选材用材、产业配套,到现场施工和售后服务等方面,都严格按照低排放、低能耗、低污染的标准进行,尽量地呈现出环保健康装饰效果。

从现有装饰装修状态看,对人体影响最明显的是氨、苯、甲醛和放射物质。氨气超标污染的主要原因是混凝土中含有尿素成分的防冻剂。在中国黄河以北区域比较明显;苯主要来源于胶、漆、涂料和粘合剂等;甲醛主要来源于人造板材,胶粘剂和墙纸等;而放射性物质主要是氡,来源于花岗岩、瓷砖和石膏等。由于国际社会的重视,不少正规厂家生产的人造材对危害成分都能控制在国际和国家规定的标准范围内,特别是许多可回收材料,所含有害物质成分更能在加工中做到控制。例如,石材放射性物质氡,天然材比人造材要高得多。像人造真空大理石几乎对人体不产生影响。而天然花岗岩其放射性比较高,一般不宜于房屋居室内装饰选用。

要实现环保健康装饰效果,除了在用材上尽量多选择正规厂家生产,符合国家或者国际标准的,而不宜选用劣质和非标准的外,实施简约化装饰装修,即以实用、简约为主,不过多使用装饰材料,因为,过渡性装饰容易导致"叠加性"的污染。同时,要在设计、施工和后配上多采用自然的元素,创造自然、质朴的装饰环境。给予装饰的二手房屋保持良好的自然采光和通风条件。自然采光好的装饰装修,可利用充足的阳光给予人体健康和精神感觉是很有帮助作用的。如果装饰的房屋一天到晚见不到阳光射入,成天处于阴森黑暗的房屋里,会给人一种不确定性,有着缺乏安全感的心理压抑,必然会影响到身体健康。自然通风好,清新的空气会令人神清气爽,而成天由封闭式空调来调节室内温度,反倒不利于人体的新陈代谢。长期的封闭,空气不流通,容易造成室内藏污纳垢,让带有细菌的空气不断地循环,而流通不出去,就会危害到健康生活。所以,呈现环保健康的装饰效果,就是使装饰装修的房屋,不仅少产生危害人体健康的化学物质,而且能减少噪声,降低灰尘,有着良好的天然采光和通风条件,给予业主及其家人一个舒适、开心和美好的居住用环境。同时,不要急于在竣工后的装饰居室里居住和使用,至少 30 天以后,最好在 3 个月以后搬入居住,其间进行良好的通风,才有利于新装饰居室保持人体健康状态。如图 5-12 所示。

图 5-12　呈现环保健康装饰效果

五、呈现经济实惠效果

作为二手房屋装饰,能呈现经济实惠效果,也是一个很重要的方面。本来,购买二手房屋就是为经济实惠作打算的,进行再装饰也应当为着同样的目的,既能住上比较适宜的房屋，又不要花太多的费用，是比较合算的。做到这一点，其中奥妙是很多的。

首先请有势力和负责任的装饰公司，不能靠道听途说，必须由自己作细致和认真的考察，觉得确实值得信赖，做得满意，才是可靠的。然后，再找信任公司很诚实的专业人员，确定设计方案和工程预算。设计方案必须由业主提出自己喜欢装饰风格特色要求来。即使是完全不懂得装饰装修的业主，也一定先要通过查看资料，走访了解到相关情况后，才能确定方案程序，比较详细和准确地谈出自己的装饰意愿、经济要求和功能布局等。负责任和讲信用的公司装饰从业人员，会依据业主的意愿，把设计效果图，预算费用，施工工艺，用材品牌、数量、规格型号、质量标准和各种价格，都列得很详细的。作为认真和有心计的业主，可以根据这一资料，还可做些调查和了解，觉得同自己的愿望相一致后，才可以签订装饰合同，将装饰质量标准，装饰价格，付款方式，竣工期限和隐蔽工程要求等，白纸黑字写清楚，严格地按照合同要求执行。合同必须是很标准的居室装饰装修工程施工合格，而不是由装饰装修公司自行编制的非标准的。如果不是标准的装饰装修施工合同，很有可能藏有"猫腻"，给业主带来意想不到的麻烦。

二手房屋装饰，需要呈现经济实惠效果，在装饰材料采购上，也是值得把好关的。如果业主善于采购和做这方面的事情，就自己动手，同装饰建材商采用有理、有节和有利的方式来做材料采购，同装饰公司实施包工不包料装饰做法，自己投入精力做好材料采购。这样做装饰装修，重要的是要把握好在购买材料价格和质量上的陷阱。选用包工包料全承包的做法，业主则要把好材料验收关，从材料品牌、质量、数量和规格型号，及生产厂家等，把好验收关。同时，也可以采用"抓大放小"的做法，也是使业主能得到经济实惠效果的一个好举措。

所谓"抓大放小"，就是说的由业主自己抓大材料，即称主材料的采购，小材料，即称辅助材料，由装饰公司负责把关。大材料，主要是指吊顶用材，地面铺材，墙面用材，卫生洁具、橱柜、灯具和水管用材等金额多，或者品质标准严格的大综材料。例如，地面全镶铺木地板，会占到装饰材料总价格的 20%～30%。装饰大综材料，如果由装饰公司购买，对于业主的购买成本通常会增加几千元。不过，业主自己购买没有把好关，有时甚至比较装饰公司花去费用还要高。作为业主，一定要把抓大材料购买事项，认真细致地依据自身情况，做出准确和正确决断。

至于小材料，主要是指水泥、黄砂、砖块和各类配件等用量少，单价不很高的材料，这些材料的市场价格差别也不是很大，业主只要就近找一家装饰建材商谈好价格，使用记账式方式选用材料，要求施工人员，或者施工项目经理，不与装饰建材商直接产生现金交易，就会减少拿回扣的现象。这样一来，就会给业主装饰装修降低购买材料成本,明确节约费用创造了一定基础。

除此之外,作为业主还要善于在装饰装修过程中,把好质量关。虽然,业主同装饰公司签订了施工合同,在落实中,却经常发生打折扣现象,一些施工人员为图省事,在把好工序和工艺细节上,往往偷工减料。例如,木工做装饰隐蔽工程时,有意不做墙面防潮膜,防水工程做得很马虎,结构用钉不做防锈处理,木架和底板不做防火处理等,都有可能给装饰装修工程造成安全隐患,不利于保障工程质量和呈现出经济实惠的装饰效果。如图 5-13 所示。

图 5-13　呈现经济实惠装饰效果

第六章　二手房装饰实情要点窍门

为保障二手房屋装饰质量和安全,做出让业主满意,装饰从业人员放心的工程,就要善于抓实际情况,针对不同房型和面积大小不一,及装饰要求,做到有效把握,分清情况,问明情由,懂得情节,清清楚楚做装饰,必定能做出好成效来。把握实情,就是要针对二手房屋的大户型、中户型、小户型、简装型和平面型等装饰要点的实际情况,做出最理想、最实用、最方便和最美观的装饰装修成效,得到业主的广泛青睐。

第一节　二手大户型房装饰要点窍门

二手大户型房,一般指的是面积大的别墅、复式、跃层式和四室一厅以上房屋,其装饰的要求,通常是做长时间居住,或者永久性居住的。业主对装饰功能要求很全,精装效果要好,布局讲究,风格突出,充分体现业主个人特征。其装饰要点应当把握住重点突出明显,功能实用齐全,亮点凸现准确,繁简格局合理,业主特征精巧,色彩选配协调和风格主次分明等,致使这一类型房屋装饰装修,既实用,又美观,能达到高档次的效果。

一、把握重点突出明显

在通常情况下,二手房屋的大户型房居室装饰,是比较讲究的,既讲究风格,又讲究特色,还讲究作派。风格是以显示华贵、庄重和富有为主。特色以业主个人喜好为重,又以不同房型有所区别。作派是显示个人特征,展示性格。特别是别墅一类大户型房屋,更是以突出自己的喜好为重点,把华贵风格做得很明显,以展示业主的身份、地位和富有的形象。而复式、跃层式和四室一厅以上大户型房屋的装饰装修,则同业主性格特征相类似,有讲究豪华装饰的,也有讲究简约明快装饰的,还有讲究实用为主装饰,情况显得千差万别,却有一点是相同的,讲究把握重点突出要明显。

其实,对于二手大户型房屋装饰,具体到把握重点突出明显又是不尽相同的,主要体现在业主对装饰的理解、认识和感觉不同,存在区别的。在一般情况下,别墅和跃层式房屋装饰重点,应当选择在一层的公共活动区域,给人一个深刻而又强烈的第一印象。这个第一印象既能从中看到装饰风格印迹，又能得知装饰特色，还能了解到业主的情趣。有人曾对这种装饰叫做"开门知根不知底"。其意思是，这一类大户型房屋装饰，从一层开门见到的只是风格和特色的表象，不能完全感觉到装饰豪华、贵气和庄重的根底，需要从业主特别显现个人喜好的书房和主卧室装饰中，才能清晰全貌的效果。还有业主为了显示自己的性格爱好，对别墅或者跃层式房屋装饰，每一个楼层，或者居室都有重点，展示不同特色情趣。像这样的装饰意愿，重点突出明显，只有从各个不相同的楼层或者居室中把握了。

作为大户型房屋装饰重点的把握，一定得从突出一种风格为主，而不是多种风格并重。虽然能突出业主情趣爱好，却不利于装饰风格特色突出。通常是在突出一种风格特色中，尽可能地利用不同的表现手法，将主调风格做深做透，展示的装饰效果更耐人寻味。因为，房屋装饰的目的，是为改善居住环境，提高业主生活品位，创建温馨的精神港湾，而不是作为装饰艺术品作专门观赏的。如果没有明确和深刻的装饰理念，就有可能重点不突出，感觉很分散，形成不了深刻的印象，觉得既不实用，又无观赏性。在装饰重点突出把握上，复式房屋和一般性大户型房屋，同别墅、跃层式是有区别的。复式房屋由于客厅面积大小不一，有大有小。如果客厅面积大的，通常会将装饰重点放在客厅公共活动区；客厅面积小的，则会把装饰重点放在书房。一般性大户型房屋的装饰重点会放在客厅及走廊等公共活动区，以突出装饰风格和业主的爱好。为获得更好的装饰效果，更深层次地反映出业主的情趣和喜爱，就会将另一个装饰重点安排在书房和主卧室的装饰成效上。

这是从整体装饰上，如何把握重点突出明显提出要求。如果具体到各功能区域内，对于大户型房屋装饰应当有着各不相同重点突出部位，以求多种方式、多项层面、多个角度地表现出是同一风格特色的丰富多彩、多姿多态和多立体形效果。由于大户型面积大、居室多、功能全面，要体现出房屋装饰豪华、气派和贵气，以及生动活跃的成效来，必须需要以多种多样的表达手法，才能给人以深刻的印象，对业主的情趣表现出透彻来。例如，针对各公共活动区域装饰重点突出要显示明确，必然要抓住特色。像客厅的重要突出点是电视背景墙；餐厅重要突出点是酒柜，或者是一面墙；走廊重要突出点是内端墙和顶面造型。如果是卧室、书房和活动房等居室装饰，其重要突出点是各不相同的。卧室是床端头墙面；书房是书桌对面墙面；活动房是地面的装饰效果。如果能将这些重点突出做到了特色明显，装饰房屋重点突出会自然形成，效果明显，感觉深刻，令人难忘。如图 6-1 所示。

图6-1 把握大户型房屋装饰重点要突出

二、把握功能实用齐全

业主购买大户型二手房屋,其目的是要获得功能齐全,居住和使用方便的效果。做这类型房屋装饰,要求将各使用功能明确完善,让业主操作起来,既方便,又实用,还觉得舒适。一般的大面积二手房屋,由于各个时代用途不同,对功能划分是有区别的。同时,业主不一样,对房屋居住使用功能要求,也不尽相同。有家庭人口多的,对居室功能划分,以休息睡眠居住为主;家庭人口少的,对居室功能划分,会以活动、学习和家庭办公使用为主。因业主家庭情况而异,针对不同情况,作出居住和使用功能装饰,是需要做明显区别,以充分体现功能实用齐全要求。

在一般情况下,大户型房屋居住和使用功能划分,会明确公共活动区、私秘睡眠区、工作学习区、娱乐锻炼区和衣物储藏区,还有就餐区、生活操作区、电脑操作区、晾晒洗涤区、休闲区、视听区等,使用功能划分齐全和细致,分割清晰,相互独立,互不干扰。特别是别墅,由于使用面积大而楼层多,人口少的原故,其使用功能划分更是讲究齐全,布局合理,分割明确,不但有通常居住和使用区域的划分,还会有着控制室温的动力区、陈列区、音乐区和小孩玩耍区,以及大人的活动区等,将家庭生活和社会活动及园林休闲的功能,都作出布局划分,体现业主房屋功能装饰不同凡响。例如,有的大户型房屋在划分使用功能时,将私秘休息居室,还划分出白天学习办公和休息结合在一起的,晚上读书睡眠使用的,将房屋功能分别得很明晰,为业主及其家人使用划分得齐全而实用,不会同一般的房屋划分显得笼统,其使用功能是细了又细,功能全而又全,尽显业主居住的气派而富有。

大户型房屋装饰功能划分,以别墅一类房屋分出使用功能更齐全、更清晰和更多能,仅三口之家,有着三到四层的别墅楼,每一层使用面积有百多平方米,有的甚至更大,分区居室多间,使用功能必然划分得很齐全,相对独立,不受干扰。每一层楼房划分有活动区、休息区、学习办公区和私秘区等,显得齐全而又实用,不会出现混用和混乱状态。一般的大户型房屋,则不能过多地划分出使用功能,只能划分出主卧室、客房、小孩房、女性房、老人房、书房、客厅、餐厅、厨房和主、次卫生间,以及活动房、娱乐室、活动阳台、生活阳台等。各居室会分别出使用和储藏的综合功能。例如,书房除了读书写作和储藏书籍艺术品外,还有可能兼顾办公和电脑操作,没有专门的电脑室和视听室。这样把握功能实用的划分,对于业主意愿是基本上能满足。各个大户型房屋使用功能划分,都必须按照业主要求来做。只有居室使用功能划分好后,才能够有针对性地做出装饰布局和施工。

把握好二手房屋功能实用齐全的划分,是为做出有风格和特色装饰奠定基础。大户型房屋使用功能有需要按照业主意愿重新划分和做直接拆改装饰的。按照以往划分过的功能做拆改装饰,并不是依样画葫芦,却要针对新业主个性特征和情趣,先做好使用功能划分,再做出特色装饰布局,应用分割、裁剪、切断、高差和凹凸等手段,致使功能划分更有利于再装饰风格要求。例如,新业主小孩房的装饰,需要增加榻榻米的设施,在选择居室面积时,必然要求面积稍大和利于活动的居室,而不可以按照前业主小孩房来做再装饰的,会出现面积过小和朝向不适宜等情况,必须新选用。

同样,针对大户型的旧老房屋客厅面积过小,不适应于现代人居住使用要求时,不妨对客厅和餐厅使用功能做出重新布局,在不影响房屋结构安全情况下,可打通原客厅与相邻居室的隔墙,以扩大客厅公共活动区;也可将原客厅改作他用,选择较大面积的居室改作客厅;或者将生活阳台改作厨房,厨房改做餐厅等,将使用功能做实事求是的改变,以此提高居住使用品质和品位。如图 6-2 所示。

三、把握亮点凸现准确

作为二手大户型房屋的装饰,必须要有亮点,且亮点还不只有一、两个,才有可能展现出再装饰的成功。

装饰的亮点部位,一定要把握准确,凸现成效也要得当,能引起业主的情趣,让观赏者眼前夺目,视觉舒适,心里赞美,属于"点睛"之作,切不可画蛇添足,累赘之点,造成刺眼和不舒服感觉。必须是美观和靓丽的,才能成为亮点,给装饰装修锦上添花。

图 6-2　把握大户型房屋装饰功能实用齐全

　　由于二手大户型房屋面积大，居室多，按照通常做法，在公共活动区，例如，在客厅内的电视背景墙作装饰亮点，或者将玄关处做成靓丽点，都不失为一种正确选择。然而，从豪华、靓丽和美观角度，显然是不够和达不到要求的。一套有着几百个平方米，多居室、多活动和多面积空间的房屋装饰，仅将客厅装饰做出一个亮点，而其他活动区做得平淡和简约，会给予使用者和观赏者的视觉和心里上造成很大的反差，会带来亮点太弱，亮不起来的作用，不能有着深刻的印象，会给予整个装饰造成简约、简单和简洁感觉，同大户型房屋装饰要求不相称。仅以一般的大户型房屋装饰为例，有着四室两厅，或者以上居室的装饰装修，就在客厅的电视背景墙上有着"亮点"，其他部位和居室里的装饰显得很简单、平淡和无亮点处，必然形成不了一个豪华精装的印象和视觉效果，同完全意义上的"简约型装饰"也相差甚远。所谓"简约型装饰"，并不是不要亮点，而是以亮点和简练装饰组成一个精巧的成效，才称得上"简约型"。简约并不是简单，而是简练。简练装饰才算得上精致装饰。做精致装饰，虽不提倡繁琐，却是要严格按照各个工序和工艺要求进行，不能出现漏洞，或者是平淡无奇，其装饰成效很明显，达到一定的标准，算得上好的装饰成果。

　　为此，要使二手大户型房屋成为精装型和业主喜爱的装饰效果，必须做出风格和特色突出的装饰来。这种装饰需要有多个装饰亮点，才有可能达到目的。同时，装饰的亮点部位还要凸现准确，不是随意而做的。那样，不仅显现不出亮点成效，反而会带来令人反感的可能。这就要求装饰亮点必须做得恰当、准确和新颖。比如，客厅的亮点必须做在电视背景墙的部位，不能做在其侧面，或者对面，更不能做在地面，即使做在顶面，也不能像电视背景墙起到亮点作用，倒让人觉得浪费资源和给予装饰成效添乱,或者被称为赵构指鹿为马乱做亮点之嫌了。因而,对于装饰亮点,必须要把握在凸现部位上,"亮"得恰当,"亮"得正确,"亮"得靓丽,方能起到画龙点睛的作用。例如,在活动区域,除了在客厅电视背景墙面上做装饰亮点外,在走廊的内端墙面和顶面上都是做亮点的好部位。内端墙面上做的亮点,会起到把装饰亮点和成效引向深入,引导深看的作用。而顶面的亮点装饰,会同客厅形成"立体感",和"分界线"的成效,将客厅同餐厅分隔开来,明确功能界限,或者是给予一个印象深刻的客厅功能,走廊功能和餐厅功能,或者其他居室的过渡功能,其亮点作用是很明确和很准确,是引人入胜,各亮点能相呼应,奇效无穷的。

　　要把握好装饰亮点凸现准确,既可在公共活动区,做出成效良好的亮点来。同时,也可在私秘休息区恰当部位做出亮点。通常有在主卧室的床端头墙面上,做出业主喜欢的造型;在活动居室里,做出有特殊标志性造型;在书房里做出针对性很强的亮点,都是在开门即见醒目的部位上体现出来。例如,正对面的墙面和主墙面上,或者是主顶面等部位上,除了充分地利用装饰造型和做标志性图案外,还有利用色彩、灯饰造型和照射来凸现亮点,吸引人的眼球,把装饰特色和业主情趣呈现出来,成功装饰效果。如图 6-3 所示。

图 6-3　把握大户型房屋装饰亮点凸现准确

　　同时,体现把握亮点凸现准确要求,还反映在亮点做得精上和准上。精,即指精致、精确和精神,不在多和乱。准,即是部位准、含义准和神形准,不可乱点鸳鸯,准确体现出业主的情趣和喜爱。例如,书房的亮点造型不能是整个墙面的,却是业主喜爱的文化艺术品,同书房的氛围相协调,切不是来一幅毫不相干的壁画,或者是关公座像;在客厅电视背景墙面上,来一个虎狮头面造型等。这样的"亮点"是不能给予大户型房屋装饰带来景观,反而会造成同装饰氛围背道而驰的成效,有画蛇添足,多此一举之嫌。

四、把握繁简格局合理

给予二手大户型房屋装饰,一般是做长期性居住使用的。在装饰装修上,应当分不同情况,作出合理布局,进行适当调节,达到繁简效果要求。这样,既能按照业主意愿做出特色装饰,又能针对装饰风格进行合理安排,显现出实用和美观效果来。

把握繁简格局合理的装饰效果,主要是针对装饰实际和业主意愿有机地结合起来,把大户型房屋装饰做得条理有序,布局正确,张弛得当。由于业主的不同要求,有的为体现出装饰豪华、富有和靓丽的成效,主张以多亮点方式进行。在装饰造型和家具布局上,不懂得繁简有序,繁简有度和繁简相间的作用,主观意识以多亮点和多造型来实现装饰风格和特色要求。面对这样的情况,作为装饰从业人员,一定要把好关,以专业和内行的眼光,把握好繁简格局合理的方向。在装饰设计和施工上,做到该"繁"则繁,该"简"则简,不可以听之任之,随业主主观愿望而动,必须从装饰专业的角度,做出正确的安排。要不然,出现不良效果,是由装饰从业人员来承担责任,接受"外行人"的指责和批评。能够把握好繁简格局合理的关,同依据业主意愿做装饰并不矛盾。在装饰前,业主提出自己的想法很需要,也很正常。装饰从业人员则依据业主意愿做出谋划和设计,能很准确地反应出来,是必须从专业上要把好关的。如果不能把好关,做不到繁简格局布置合理,就不是个高水平、专业强和技能好的装饰从业人员,让业主指责和批评,是理所当然的。假若以不负责的态度,只是以获得多的装饰费用,一味地按照"外行业主"不成熟的想法,堆彻装饰造型,不管成效好坏,还将责任推向业主,美其名曰,遵照做的,就不适宜于做这一职业的。

作为二手大户型房屋装饰,同样是,既要重在实用,又要不失观赏性。实用,就是要求做出的装饰格局必须符合业主实际使用要求,从功能布局上,做到全面恰当,该做的装饰造型、储藏柜、隔断柜、立柜和吊柜等,一件也不能少,不该做的,一点都不能多。多了,不但不实用,还会造成视觉障碍,令人不舒服,还有可能带来使用上的累赘。从以往二手房屋装饰中,曾发生过这一类不宜状况。为贪多贪大带来后悔心理的情况是枚不胜举。例如,为在客、餐厅内呈现美观装饰成效,在客厅装饰了电视背景墙亮点,业主又请人在其对面墙上做了个主体造型,客厅吊顶和走廊、餐厅吊顶,同时,又在餐厅墙面做装饰造型和增加耀眼色彩,结果造成"景观"太多,令人眼花缭乱,完全失去了装饰美观舒适的愿望。

做大户型房屋装饰,从通常情况下,做个实用美观的成效,景观造型应当适宜,做到精而有序,雅而有度,繁简结合,不能主观认为大面积房屋就可以堆砌,显然是不切实际的。在一个居室装饰造型做一处,不能多处同时进行。特别是色彩调配更不能多而杂。不然,不但不能造成美观实用成效,反而会带来杂而乱,造成心理不舒服的厌烦感。一般在一个居室内,造型和色彩亮点应当集中在一处,有了顶面的"繁",相宜墙面就得"简";有了一面墙的"繁",相宜三面墙面和顶、地面就得"简",有了地面的"艳",相宜墙面和顶面就得"简",做到多"简"少"繁",多"素"少"艳"的装饰特色,才有可能使装饰成为实用和经看不厌,美观多看,久看不烦的成效。

同样,在配备家具和后期配饰上,也应当做到繁简得当,精而适宜,不可贪大求多。特别是在色彩上种类不宜太多太杂,会给装饰带来好的成效。反之,会造成负面影响,造成杂而乱的印象。例如,本来是个很大空间居室,如果家具色彩过艳,同装饰色彩不协调,就有可能喧宾守主,造成过于艳而使居室空间变"小"和不舒适的感觉。如果装饰简约,可在家具和后配饰上精致点,会给简约装饰风格增光添彩,提升装饰实用和观赏品位。如图 6-4 所示。

图 6-4 把握大户型房屋装饰繁简格局合理

五、把握色彩选配协调

由于二手大户型房屋面积大,装饰亮点要求多,需要色彩选配协调,防止出现杂乱影响到装饰观赏效果。做到这一点,重点是依据业主对色彩的情趣和喜爱,针对装饰风格特色,准确地做好装饰色彩选配,致使装饰装修实现协调美观,成效让业主满意。

从现有二手房屋装饰,注重"重装饰,轻装修"趋势中,能给予大户型房屋装饰,既能降低装饰成本,又能使装饰呈现新面貌,从以往的装饰实践得出的经验,最经济、最便捷和最适合的做法之一,是应用色彩做出好文章,以改变"四白落地"和"白色天下"的素色状态,应用业主及其家人青睐的色彩改变常态,打破陈规和活跃装饰特色的作为,获得好的装饰成效。例如,采用缤纷色彩"点"亮装饰风格。有以简洁、明亮和令人感觉欢乐的色彩为主,整体上追求一种轻盈、舒适和适宜放松休息的居室环境,多由一种或者多种单色调配而成的色彩,因其多元化而取代单一色的装饰风格,组成新的时尚潮流。还有是在选择色彩图案时,采用多选用花卉自然色彩。这些色彩给予居室装饰增添自然美和使业主心情舒畅的感觉,让大户型房屋装饰生辉。由适宜色彩组合成景致的图案不会影响到任何的装饰风格,只会增添几分新鲜和活跃气息。有在墙壁上采用壁画色彩,虽然不在最耀眼的电视背景墙位置,在走廊墙面,或者餐厅墙面,或者电视背景墙对面的墙面上,以点缀手法表现,能给予装饰装修带来美好的成效。

善于把握好色彩选配协调,就在于充分地利用色彩的长处,为装饰装修增光添彩,打破传统的装饰做法,创造生气效果,而不是随意而做的。色彩协调能构成造型艺术美;不同色彩会给人引起视觉上的不同情趣和心里感触。例如,红、橙、黄色给人温暖感强烈;青、蓝、绿色给人寒冷和沉静感明显。在装饰装修上,必须针对居室所需和依业主意愿进行。像一天到晚见不到阳光背阴的居室,最好不要选用青、蓝、绿和灰、黑一类色彩,会给予居室装饰造成冷噤和阴沉感。最好选用红、橙、黄调配成的色彩,即使粘贴墙纸,也最好选用这同类,或者相近的色彩,会改变背阴居室面貌的。针对光线很强的居室,尤其到了夏日因照射阳光时间长而形成燥热感,便可以选用青、蓝、绿这类色彩,或者由此调配成的同一类色彩,即同光照强烈的暖色调形成对比色彩,会降低燥热的氛围,是以色彩调节装饰使用成效的做法。

同样,把握好色彩选配协调做法,又是给予居室装饰装修造成一种美观、和谐、愉悦和温馨的成效。在长期的装饰实践中,就是充分地利用色彩选配协调实现这一目标。不仅要从装饰色彩谋划设计和施工涂饰上,而且利用家具和后期配饰上,都需要做到色彩统一调配,围绕着利用色彩的优势做出精致美观的装饰成效,以利于提升装饰装修的使用品质和品位。例如,地面色彩使用藏蓝色,墙面和顶面应当使用淡蓝色,家具和沙发外套色彩选用乳白色。由这些冷和浅的色彩组配成的居室,必然会呈现出清新、凉爽的感觉,如果再点缀紫红色,配上几盆绿色植物装点一下,就会给人一种不会冷而失去温暖的真实体验,有着十分温馨而又惬意的同感。对于这样的色彩选配,应当是把握在光线很强的居室装饰状态下,并且很适宜于中国黄河以南广大区域,以北区域最好不选用这一类型色彩的装饰。主要在于中国黄河以北的区域,寒冷时间过长,即使有再好阳光射入的居室,让人感觉长时间处于冷的状态中,对人体健康是不利的。还有是应用色彩选配协调方法,给予简约装饰以点缀,必然会使得居室装饰呈现出活力而丰富起来。例如,地面、顶面和墙面,以及家具的色彩,都选用乳白色,由于这些部位和材质对光线的反射不同,产生的色彩出现差异,从而带来居室有些层次变化。假若业主有兴趣,便可在墙面,或者家具上,点缀式地配上一些黄色的同类色彩什物,不但会使得居室能呈现出清爽、整洁和宁静感觉,而且还会使得居室呈现出生气和立体感的装饰效果。如图6-5所示。

图6-5　把握大户型房屋装饰色彩选配协调

六、把握风格主次分明

如今的二手房屋装饰特别讲究风格特色,针对二手大户型房屋装饰,同样不能轻视风格特色要求,尤其从充分表达业主的意愿上,必须善于抓住一种装饰风格特色为主,却又不要过于呆板,要呈现活跃和创新风格,经常地采用多种风格融入一体的装饰手法,使得过大面积的装饰装修,能呈现出意想不到的效果,既显实用,又觉美观,在装饰实际中常被应用。

作为二手大户型房屋装饰,特别是针对别墅、跃层式和复式楼房屋,在装饰风格特色上,除了在造型和色彩上,应用亮点协调做法,能给予装饰风格增光添彩,提高品质和品位作用。如果能从装饰风格上,善于融合各种风格之长,弥补各风格不足,会更容易把装饰成效,从实用性、方便性和观赏性上,提升档次和品质的。在通常装饰情况下,最能体现明显的是将日本和式风格装饰,经常应用到的推拉式手法,普遍地应于各个装饰装修工程上,既简便了不少的装饰工序和工艺,又给予业主及其家人实用和方便带来了明显成效。应用日本和式风格装饰工艺中的推拉式做法,比较中国传统装饰门的工艺,具有多方面的优势。中国传统装饰中的所有门的特色是平开式,没有推拉式。如今几乎所有门的装饰做法,都是应用推拉式。除了居室门不宜应用推拉式外,所有的储藏柜、厨房门、内室门和卫生间门等,都选用推拉式做法,既方便使用,节约空间,减轻工作使用强度,又适宜于现代人造材工艺操作的便利要求。例如,塑钢、铝合金和铝美等型材的推广应用,都为加工各类门提供了便捷条件。虽然,这种和式装饰门工序和工艺,普遍应用于现今流行的古典式、自然式、现代式和简欧式等装饰风格中,一点也不影响到这些风格特色,反而为其实用和便利增光添彩,受到广泛青睐。

同样,在进行日本和式装饰风格中,对于引进的这种日本传统装饰风格,也是需要同现代功能性做法融合于一体,不再是纯日本传统式的。从应用装饰手段到选用材料和调配色彩上,都会有着很浓重的现代装饰风格的印迹。例如,装饰材料的选用,能以天然的素材原材、原竹和原扁柏等,当然是再好不过了。由于受天然素材资源的局限,几乎由人造仿型材取代应用,在装饰工序和工艺施工做法上,也是结合现代手段,还同各区域、各民族和各地习俗,以及个人习惯密切相关。即使在中国的南方和北方做同样的装饰工艺,都会有些区别。这样做,还同温度、气候和各个实际情况密切相关,也是为把握好装饰风格主次分明进行的,以利用有效手段,将二手大户型房屋装饰做得更具特色。

例如,有的别墅装饰风格主体上选择了简欧式,在公共活动区域都能明显地呈现出这种主体风格特色来。由于业主及其家人居住使用情趣和喜爱的差异性,在一、二楼层居室装饰装修式样上,尽显简欧式风格特色,到了三、四楼层,在居室装饰风格特色上,就有着自然式和现代式风格特色的明显呈现。这样做出来的装饰风格,从整体装饰上,并没有损害简欧式装饰风格特色,使得这个别墅装饰装修,仍然显得华贵、庄重和靓丽的品质成效,还增添活跃、灵气和乡土氛围的功能美,满足了业主及其家人各不相同的欣赏习惯和艺术感受的个性需求,不失为一种活跃和丰富装饰风格特色呈多样性,给予二手大户型房屋装饰,创造了新的装饰装修方法尝试。

想要在二手大户型房屋装饰上,把握好风格主次分明新做法,还是要从尊重业主及其家人,对装饰风格特色欣赏要求,为活跃和推进装饰风格变革,在坚持一种风格为主,巧妙融合其他多种风格特色,做出多风格并存的装饰装修,不失为一种好的尝试。

由于二手大户型房屋面积大,居室多的原故,针对业主及其家人的文化素养、艺术欣赏和生活情趣上,存在各不相同情形,能从装饰风格特色上体现个人情趣和喜爱,采用风格主次分明做法,不但不会影响到装饰成效,还有可能活跃装饰特色创新。在公共活动区域采用主体装饰风格做法，在各个使用居室内，不防凸现个性喜爱的装饰风格，以满足个性需求是行得通的。这样做的结果，以公共活动区域为主体风格，在私密休息区域为个性风格，关起门来是"自己的世界"。能为发展的装饰装修创新，给予装饰从业人员需要具备的"超前意识"提供帮助，说不定会呈现发展趋势。如图6-6所示。

图 6-6　把握大户型房屋装饰风格主次分明

第二节　二手中户型房装饰要点窍门

二手中户型房屋，一般是指三室二厅以下面积的。这一类型房屋占的比例是比较大的，适合于现代多数人居住。由于受历史条件的局限，在二手房屋交易中并不太多，多是次新房屋的交易，旧老房屋交易很少。作为这一类型房屋装饰的要点，比较大户型房屋要简单得多，比较小户型房屋又有些不同，主要体现在注重实用为上，凸现业主情趣、虚实结合兼备，展现风格特征和突出亮点成效等方面，致使中户型房屋装饰有着自身独有特征，给业主带来实惠。

一、注重实用为上

中户型房屋，从现代居住情况中，这是一种合适定型和受到业主广泛青睐的房型。购买这种房型的业主，大多是作为自己居住使用，因而在装饰装修要求上，业主对使用功能需要是全面的，注重实用为上。同时，又要反映出个性特征，却不同于大户型房屋的装饰特色和亮点多广。对于实用性是很看重的,能兼顾美观,展现业主的情趣和个人喜爱,是这一类户型房屋装饰最突出的特征。

由于是自己居住和使用,在装饰装修要求上,更多注重方便实用功能,既不能像大户型房屋将使用功能分配全面和过细,又不能缺少必要的功能布局,往往是将各居室使用功能兼顾起来,以得到更多更好的功能要求。为此,从居室功能分配上显得齐全,布局很讲究,虽然不会如大户型房屋有充裕的居室面积随意分配,只能依据业主的实际需求,作出科学性的布置和安排。一般通常情况下,二手中户型房屋可以作出公共活动区、私密睡眠区和辅助功能作用区等进行分配及布局,其作出的分配和布局安排,是相对独立,相互少干扰,要求实用性比较强,并且同业主的实际情况相吻合。

根据现代人居住条件要求,在功能使用分配上,应当首先保障公共活动区域,充裕的使用空间面积要求。这种使用功能面积分配和布局,对于次新房屋装饰安排存在问题不很大,大多在建筑居室空间布局上,作出明确分配。如果是针对大空间房屋,需要在装饰期间作出使用功能分配的,则更显示出优势了。重点在于针对旧老房屋的使用功能分配,会受到房屋结构和空间面积的局限,需要针对使用需求做合理的调配,才能达到实用为上的目标。如果是旧老房屋公共活动区域面积过小,或者是区域分配不合理,必须以实用为上作出重新调配安排。例如,针对公共活动区域的客厅和餐厅面积过小,显然与现代人居住使用要求不相符合,在装饰装修前,必须作出重新布局安排,选择面积较大的居室作为公共活动区进行装饰谋划设计和施工,将原公共活动居室改作其他功能使用布置。如果原有各区域分配不合理,则完全在作房屋装饰时,依据业主的不同情况重新分配和划分功能,以尽量实现实用为上的目标要求。

以现代业主对中户型房屋装饰的功能分配愿望,公共活动区的使用功能有客厅和餐厅,由业主及其家人共同使用。如果居室空间面积分配不过来,便依据需要将一个厅布置装饰成客厅和餐厅的使用功能。这两个厅的装饰风格特色,应当按照业主的情趣和喜爱作装饰布置及施工,或者以造型,或者以餐柜分隔;或者以吊顶装饰风格区分各自的特征;或者以地面镶铺不同的材料作分别,还可运用其他装饰手段给予划分清晰。而最便捷、最方便和最实用的做法,一方面以装饰色彩作明确分别,另一方面以灯饰光亮的不同作清楚的划分,既显得实用,又能增添情趣。

为达到实用为上的目标要求,针对中户型房屋装饰,一般布局为两间卧室,一间书房兼电脑操作和家庭办公室,有客厅、餐厅兼厨房和卫生间及阳台。卧室主要使用功能是睡觉和储藏家庭物品;书房用于电脑操作、读书和家庭办公及藏书、摆放工艺品等是家里人活动综合间。客厅用于公共活动、会客和休闲外,还会兼做身体锻炼活动等。比较讲究的业主,会将阳台封闭用作活动、养花、或者做休闲使用。如果有两个阳台,一般会将洗晒功能安排在生活阳台上。主阳台专作休闲和活动使用。

在现代业主生活中,为体现丰富多彩的生活状态和培养小孩情趣,有做小孩居室装饰时,给予增添其专用性很强的活动用榻榻米。有的业主由于家庭人口多,三室二厅房屋空间划分不能达到使用要求,便将面积大一点居室作多功能使用,客厅兼餐厅,主阳台改作书房,生活阳台改作厨房;或者将主卧室兼作书房等,应用装饰手段做灵活性布局和安排,以达到实用为上的要求。如图 6-7 所示。

图 6-7　把握中户型房屋装饰注重实用为上

二、虚实结合兼备

在二手中户型房屋装饰上,采用虚实兼备的做法,既有利于这一户型装饰的实用和美观,又有利于营造出温馨浪漫的气氛,给装饰装修成效,增添更多的情调和独有特色,不同于一般,还能解决因谋划设计不周,或者不很实在造成的缺乏,把装饰做得令人满意,不留遗憾。

所谓虚,同实相对,指的是一种装饰表现手法和一种道理说法。例如,不应用装饰实物手段,就能够解决隔断、落差、分割、突出和裁剪等目的。通常采用色彩和光亮等达到更理想的成效。以二手中户型房屋面积,要想达到业主的实用和方便要求,有时受着条件的局限,又需分别出不同使用功能,如果运用实际做法,既费力、费材和费钱,又造成使用不方便,占用面积,影响采光和通风,妨碍视线,加大居室承重负担等,不利于装饰实用和方便的要求。针对这一类影响到居室通透性和界限不明确的装饰装修困惑时,充分地应用"虚"的装饰手段,给予有限的空间进行视觉上和感受的分割、切断、裁剪和突出生动作用,比较应用实际手段是有着其优势的。比如,应用实际手段做分割有着多种做法,有使用到顶的墙和沙发,矮柜、吧台,或者其他实体性的界面分割和隔断空间;有使用栏杆、玻璃、垂挂物和推拉门,以及升降帘幔、可移动的陈设等。而采用"虚"的分割手段,主要是采用不同色彩的材料、色彩和灯饰光亮等非实体性来做,既可达到分割的目的,又不影响到空间的通透性,不占用面积和不影响使用。针对一个本来使用面积不很大的通透的居室里,需要划分出多个使用功能,如果采用实体形装饰做法,显然是很不合适的。便应用"虚"的手段,利用地面镶铺不同色彩的地面材,让人在地面不同色彩的感觉中,就能分别出不同地域的界限。在通常情况下,做客厅和餐厅的界限,应用"虚"的分割方法,就有从地面、顶面和墙面上,采用不同色彩涂饰,吊不同的顶,做不同装饰造型和镶铺不同材质,或者不一样色彩的材料,给人一个视觉上很明显的分割感觉,实现装饰实用和美观的目的。还有在一个通透的空间里,要突现出一个独立性空间,或者展现某个实物,或者引起特别关注,达到重视的作用,也经常应用"虚"的手段,充分地利用灯饰光的照射来解决问题。

　　针对二手中户型房屋装饰,应用虚实结合兼备做法,其目的是要实现最佳的装饰成效。面对不同需求和不同情况,为业主意愿实现服务,做出既实用又美观的装饰装修是很有必要的。对于装饰从业人员解决好不宜和不适难题,带来了诸多的便利。需要采用"实"的手段的,必须毫不含糊地采用"实"的装饰装修手段。而采用"实体"装饰很不适合的,就巧妙地应用"虚"的方法,比较"实体"装饰更有利用装饰成效。这样,做到虚实结合兼备,既利于装饰装修成效的实现,又利于装饰手段的灵活性,对做好装饰装修,提高品质和品位无疑是很见成效的。例如,抬高,或者降低地面高差装饰;或者部分抬高、降低顶面的装饰,大多采用实体方法,必要时,就采用"虚"的方式。在小孩房间装饰榻榻米;或者在客厅做一个休闲的台面;或者在卫生间分出干湿区等,一般都是采用实体性做法。这样,通过地面和顶面的高差实体处理,便能给予居室空间做出转换功能界定的需求。如果,在应用实体做法感到困难和不适宜的时候,不妨采用"虚"的手段。针对顶面的高差处理,既可应用吊顶实体式解决,又可采用灯饰光亮"虚"的处理方式。每当应用吊顶实体方式感觉有压抑难受不妥时,便采用安装灯饰向上投光的"虚"的手段,解决"实体"装饰不妥问题。采用"虚"的手法,既可在墙壁上安装投光的壁灯,又可在地面装配向上射光的地射灯,有意识地把墙面分别出明暗两段面,或者是明暗十分清晰的层次段,便可经过灯饰光亮调节空间,解决视觉上对居室空间过高而产生空荡荡的"恐高"心理障碍。同时,还可利用只做局部吊顶的方法,将灯饰装配藏于吊顶内,促使灯饰光亮在顶部尽量发挥出幻影的作用,从而使得居室空间从过矮带来的压抑感,因灯饰光造成的视觉上出现高远的成效,压抑的心情便可能立刻发生变化,得到缓解等。这些都是利用虚实结合兼备的装饰做法,给予居室空间造成无穷无尽的变化,从而由此获得最佳的装饰效果。如图 6-8 所示。

图 6-8　把握中户型房屋装饰虚实结合兼备

三、展现风格特征

二手中户型房屋要展现业主喜欢的装饰风格特征,既要从通常的装饰风格上把好关,形成一种主导风格,又要从不同业主的愿望上,做出符合要求和具有个性特征装饰来。做到两者兼顾,便有可能创造出更多令业主喜爱的装饰新成果。以往在二手中户型房屋装饰上,大多数业主被动地听从于装饰从业人员的安排,自己处于一种被动状态中,做出的装饰不能体现个人特征,心里上是不喜欢的,又处于无可奈何的情景下。如今,这种状况得到了根本性改观,装饰风格由业主选择,材料、色彩和造型由业主自由挑选,不再处于跟风和被动中,完全体现出业主的主动权和要求,呈个性特征的趋势。尤其是比较懂行的业主,更是对于自己的房屋装饰,从谋划设计到选材和挑人施工,以及后期配饰等,都要求按照其情趣和爱好进行,要求装饰从业人员将其意愿实实在在地体现出来,不能走样,不能缺项和不能变更,完全地展现个人的风格特征。

同时,随着装饰行业的发展和成熟,需要展现装饰风格特征的原由,还会在各个方面呈现出来,从而影响到各个业主之间对自身的装饰风格特征作相互间的比较,要求体现个性特征的欲望日益强烈,认为花费不菲的资金做普通化的装饰,实在有屈于自己个性体现和情趣爱好,会自然而然地滋生出这一愿望。这样,不仅有利于装饰行业的发展,受惠于业主,而且也有利于装饰从业人员工作开展,从中能得到见解丰富和专业的启发,帮助自身尽快提高适合参与装饰装修行业市场竞争的能力。

从以往实践检验得出的经验,谁个装饰从业人员善于理解和总结各业主的意愿及见解,谁就会对自身工作能力有飞速提高的机会,做出更多能展现体现业主个性特征的装饰成果,得到广泛信誉。例如,针对知识型和非知识业主做相适应的风格特征装饰装修时,会受到各个从事不同专业的影响,提出各不同的见解和要求,作为装饰从业人员能善于将这些不同见解和意愿,巧妙地融合于自己的装饰专业理念中去,会受益匪浅,得到深刻的启迪,对从事装饰展现不同的风格特征的作用无疑是无限的。一方面会要求自己时刻关注着时尚风格走向,潮流在当地的影响,另一方面又会要求自己不失时机地密切关注到各个不同时期和不同地域装饰装修趋势发展主题的出现,给予业主产生不相同的影响,从而会抓住机会,选准方向,轻轻松松地做出适合各不同业主的装饰风格特征来,还会受到业主的青睐,为自己的装饰职业前景打下坚实的基础,能在激烈竞争的装饰市场上,占有一席之地创造出广阔的空间,显然是每个装饰从业人员期盼和努力要实现的。如图6-9所示。

图 6-9　把握中户型房屋装饰展现风格特征

四、突出亮点成效

对于二手中户型房屋装饰,特别需要强调突出亮点成效。因为,这一类型房屋装饰,不同于二手大户型房屋装饰装修,面多点广,亮点围绕着装饰风格多处呈现,可做互为补充,互相衬托,互显特色,组成一个立体式亮点群,在各个部位上发挥着各自成效。而中户型房屋受到面积和空间等条件的局限，不能够太多样、太分散和太过细地呈现亮点，必须集中，典型和形象地呈现着，既要点缀装饰风格特征，又要充分地呈现业主的情趣喜爱。尤其是对装饰风格特征，必须做到一"点"就亮，引起业主的兴趣和众人的眼光关注，才算得上是准确、贴切和成功的。要不然，会给予装饰成效带来或多或少的负面影响。

突出亮点成效，就是要求在装饰关键醒目部位上，将装饰亮点充分地展现出来，有着格外引人注目的成效。同时，能对装饰风格起到"点睛"作用。通常做法上，对于最引人注目的客厅电视背景墙，这是个公共活动区目光最集中的位置，看到的时间长，是装饰要求最严和最高的部位，受人评论最多的，对装饰风格影响也很明显。如果不能呈现出亮点成效，就会给予业主及其家人心里造成阴影，也会给予外来客人带来失望，还会给予整个装饰风格显现不出特色感觉。这样的装饰装修显然不会吸人眼球，得不到满意认同的。

因而，要做到突出亮点成效的装饰，必须先要把握准确业主的意愿和要求，尽力做出呈现业主个性特征突出，能引起业主浓厚兴趣和非常喜爱的造型、色彩及特色的靓丽来。像客厅和走廊通常都是装饰装修突出亮点的重点区域，呈现装饰特色重要地方。客厅的亮点突出重要部位是一面墙，即叫主题墙。在这个主题墙面上，很需要做出亮点成效来，才有可能给整个装饰风格带来明显的品质和品位提升感觉。

针对走廊内端墙面和顶面上，也是很容易吸引人注意的地方，处于动和静区间，从客厅进入各居室时，都会注意到走廊的装饰成效，如果能在走廊内端墙面和顶面上，做出装饰亮点成效，就会同客厅和餐厅装饰亮点呈现出相互呼应的效果，使得整个装饰装修品质和品位得到进一步提升，给予业主及其家人和外来客带来深刻而又难忘印象，是整个装饰装修成功的可靠保障。如图 6-10 所示。

图 6-10　把握中户型房室装饰突出亮点成效

第三节　二手小户型房装饰要点窍门

　　二手小户型房屋,一般是指二室二厅以下面积的。这一类型房屋在二手房屋交易中,占的比例是最大的。在过去的房屋建筑中,几乎都是属于小户型房屋。作为装饰装修要求,情况要显得比较复杂,有做为业主自己长期居住的,也有作过渡性使用的。其装饰装修要针对不同情况,做出明显的区别,既要合适业主及其家人居住和使用的需求,又要符合业主意愿,做出有特色,令其满意的装饰装修。应当从体现合理布局功能,科学布置家具,发挥灯饰成效和美化主体空间等方面入手,致使二手小户型房屋装饰,能获得好的使用功能,让业主及其家人感到实用、舒适和方便,达到满意的效果和要求。

一、合理布局功能

　　以现有的居住条件比较,二手小户型房屋只适宜于人口少的家庭使用,三口以上人口的家庭,都显得比较紧张,使用功能分配不过来,只能作为一般性居住安排。从装饰要求,针对这一类型房屋的功能布局,还是可以做些文章,更合理地将功能安排齐全,致使二手小户型房屋实用性提高,给予业主带来更多的方便。

　　给予二手小户型房屋合理布局功能,就是为业主使用方便创造条件。俗话说:麻雀虽小,肝胆俱全。二手小户型房屋的功能布局,同样要按照业主的意愿做多功能的布局,还要做得全面细致,不能少项,有利于业主使用。采用一区多能,统一调节做法,是其中做法之一。即对相类似的活动功能集中一起。例如,像视听、会客、休闲和就餐等公共活动使用功能综合在一起,做装饰装修谋划设计成一个集中区域。在布局装饰造型和布置家具时,采用灵活做法,既可利用家具做造型,又可多安排活动家具,其使用功能可做多种布局,还可利用色彩和灯饰光的作用,将一室分别出多种使用功能,使人一目了然,不至于造成杂乱状况。同样,将私密睡眠和学习及储藏等使用功能布局于一室内。如果是二室二厅居室做这样的使用功能布局是比较明确和适宜的。可将主卧室布局成主要储藏功能区,客房布局或次要储藏区,增加学习、藏书、小孩或者客人的睡眠功能使用,有必要的可将客房空间,谋划设计成上下部分,做不同功能划分,或者将上部空间布局成睡眠休息区;下部作为活动使用功能区;或者是上部空间作为储藏功能,下部空间作为睡眠休息、学习办公和自由活动等,使得小面积居室使用功能布局明确合理。使用起来感觉方便。而将公共活动功能全部布局在二厅内。这样布局使用功能,还是觉得比较宽松的。如果是二室一厅居室的使用功能布局,除了给予二室作为睡眠休息,储藏使用、学习办公室和操作电脑等功能布局外,便将其他视听、会客、娱乐和就餐,及休闲等活动功能统一布局于一厅内。如果有阳台的,可将休闲、学习和小孩活动功能布局在这个空间内。

做到居室使用功能布局合理,不受太多干扰,显得井井有条不紊,成为实用和舒适装饰特色,最有效的做法是,必须先了解清楚业主意愿,并按照要求认真来做,不会出现差错,呈现更合理和适宜状态。一方面是依据业主家庭人口多少和使用功能方面进行分配。对于人口多的,应当将睡眠休息和储藏功能作为重点来做布局,有时还不得不将厅里隔出空间安排做睡眠,或者学习功能使用。阳台也要布局成做睡眠休息和学习功能之用。不过,安排阳台做睡眠、学习和储藏功能使用,不能超过其承重能量。尤其是面对悬挑式阳台,更要注意到承重力的局限,不能出现安全隐患,是装饰谋划布局的重中之重。

同时,应当依据业主的使用要求,针对人口多和人口少的在不同使用功能上布局是有区别的。人口少的,可将使用功能划分为公共活动和私密睡眠及储藏两个区域,一个厅或者二个厅的居室,可将所有的公共活动功能全部安排在厅内。厅里如何细化使用功能,以装饰色彩和灯饰光进行划分,既能达到细化成效,又不影响到厅里使用功能的通透性;而将私密睡眠和储藏功能,尽可能地布局在一室或者二室内,做到布置合理而紧凑。

对于二手小户型房屋使用功能布局,做到合理实用,应当从装饰装修上,尽可能地先要做到让业主及其家人,从视觉上感到舒适和舒服。在居室空间允许的条件下,可在装饰特色主题墙上和做亮点的部位,做重点布局。如果居室空间条件不允许,则将重点放在使用功能的实用和方便上,不必强调美观,也不能造成视觉上的杂乱印象。尤其是针对厅里布局合理性,必须保证视觉上的舒适成效,不能让业主及其家人给予装饰布局有不满意的感觉。不然,就不能成为合理布局功能的装饰装修。如图 6-11 所示。

图 6-11　把握小户型房屋装饰合理布局功能

二、科学布置家具

针对二手小户型房屋,无论是业主人口多的家庭居住使用,还是少人口业主家庭居住使用,由于面积局限的原因,在做出合理布局功能,明确各不同的活动区域后,必须科学布置家具,充分利用有效的空间,留出足够自由活动范围,尽可能地创造一个宽松环境,是获得最佳装饰成效的标志之一。

二手小户型房屋装饰的目的,就在于改善业主的居住使用环境,营造出一个紧凑实用的温馨氛围,为提高生活质量创造条件。人生在世,主要部分是围绕着吃、穿、住、行和乐奔忙。如今,在中国社会发展中,大多数人的吃和穿已基本解决,住、行和乐成为关注重点,尤其是住,更是普遍企盼改善的首选。虽然购买的是二手小户型房屋,同居住愿望相差还有距离,却是走向改善的第一步,再花上少量的资金装饰,科学布置家具,就是改善的实际行动和采用的有效方法,将有限的空间利用得体,如同住在宽松面积的居室一样,感觉实用和舒适,是装饰做得好的充分体现。

科学布置家具,主要体现在装饰和购买家具布置得体实用,保证使用和储藏功能适宜,占用居室空间不多不少,尤其能充分地利用不规则、偏僻和不打眼的空间布置家具起了应有作用,从居家视觉效果上感到舒适美观,成为一大靓丽景观。如果能达到这样一个成效,对于提高装饰品质,改善居住条件,把握业主意愿,成就二手小户型房屋装饰作用,是难以作出准确估量的。

在以往的装饰装修实践中,是采用了不少好的做法,实现科学布置家具,提高装饰成效,为业主赢得良好的居住和使用条件。例如,为改善居住拥挤困境,在装饰装修布置家具中,依据业主意愿,采用适宜的"四点法",做到既不影响使用功能要求,又能完全满足应用标准。"四点法"是,在居室装饰谋划设计中,除了必要的床、桌、椅和橱等家具外,对一些占地空间较大而实用性不很强的大酒柜、大沙发和梳妆台减去和变小一点;充分利用活动、折叠和多用的组合式家具,相应减去居室里家具件数,做到精致一点。对装饰或者购买的家具,尽量做到成套配用,不显杂乱,在色彩上做到新颖靓丽一点;然后,再根据需要为实用适宜和视觉上舒适,或者在相应的墙面上悬挂山水和艺术画,以伸展视觉效果,为适宜性增添一点美观,不失为一种好作为。

在进行装饰谋划设计中,同样需要做科学布置家具,尤其针对面积存在局限的二手小户型房屋的装饰家具布置,既不过多地占居空间,又能满足储藏使用功能要求。如不做出科学合理布置,就有可能影响到实用效果。像有的家具则采用"瘦身"做法,能很好地解决家具占用空间过大,给予人自由活动空间过小,造成压抑不舒服感觉的问题,在选购,或者做装饰家具时,尽量做到量体裁衣,"瘦身"做衣,应用比较简单的造型改变家具结构和用途,或者给予装饰家具小巧玲珑和工艺简洁化,应用清晰线条和简化构造做法,使得家具凸现精致且实用的成效。同时,根据实用情况和需要,将必需的家具实行"矮化"和"高化"让业主及其家人更加感觉到家具在居家中的科学合理性。如果家具能矮小一点,能使居室空间呈现通透成效,变得宽敞宽大些,利用光线的折射和空气流通。如果给予家具"高化",便可最大限度地利用空间,尽可多地增加储藏空间,让"家"变大的感觉。特别是针对框架式结构房屋,便可在间墙位置巧妙地改做坎入式储藏柜,上部做专用被褥储藏,下部可做中间隔板,间隔的居室都做推拉门,两边都可将应用日常用衣物悬挂和摆放,更显科学合理地布置家具,又显方便实用,还大大地节省空间。

还有在家具摆放上,也完全可以针对不同空间做出科学合理的布置,同样能给予小户型房屋带来不同寻常的氛围。例如,客厅面积不大,选购或者现做沙发,应当尽可能地靠墙面摆放,成"L"形显得比较合理,不会影响到活动空间,互相之间也少受干扰,还显得轻松自在和气氛亲密温馨。如果客厅面积允许,可摆放成"["形式样,适宜于待客亲切、自然和利于商洽、闲谈氛围的形成,还显示出轻松感觉。如图 6-12 所示。

图 6-12　把握小户型房屋装饰科学布置家具

三、发挥灯饰成效

二手小户型房屋装饰,要呈现出实用和美观成效,完全应用装饰真实手段是不现实和不必要的,很多方面选择灯饰的作用,不仅能达到实用和美观要求,而且还显得简单、经济和实惠。例如,在小户型房屋隔断、分割和实现等方面,由于受面积局限和实用要求,便可以利用灯饰不同光亮、光色和照射方式来实施,既不占用空间,又觉得简便和新鲜,美观效果也很明显。为凸现某个部位的特征,呈现出照明作用,就有目标的装配灯饰给予照亮和特别的亮光。一间居室不能使用装饰手段分别出客厅和餐厅的使用功能,便有意识地在餐桌上方悬吊一盏长臂线灯,利用这盏长臂灯罩下的特别设置的平和黄色灯饰亮光,很自然地界定出一个就餐区域,再不需要采用其他方式划出就餐区了。在书房,或者客厅内,如果在摆放沙发和茶几上方,要明确出一个特殊区域,或者作出一个保持相对安静和清洁的环境,使这个区域使用功能得到明显发挥,或者让人心里有个清晰的界定,便可以设立专有的灯饰光,针对不同情况营造出需要的氛围,投射不相同的色彩光亮。同时,为凸现某个部位,或者设立会客区域,也不用装饰实用手法做出来,完全可以应用灯饰光的作用达到目的。还有应用灯饰光的用途,给予某个部位起强调作用,以体现出"无形胜有形"特殊效果,给业主及其家人带来更多情趣和惊喜的。

同样,利用灯饰成效,可对空间大小和高低进行调节。采用向上投光方式,在墙面上安装投光的壁灯,或者是在地面装配向上射光的地射灯,都可以调节空间高度适度的成效。再则利用灯饰光色彩可调节装饰氛围和空间大小,以满足业主及其家人对色彩变化的感觉,为装饰品位增光添彩,给业主带来了无穷无尽的乐趣。随着不同色彩灯饰光的变化,也会给予装饰风格特色造成更多新颖感觉,又有让居室空间变得开阔和缩小的成效。

还有运用灯饰光来调节居室内温度,比较采用其他方式调节室内温度有着不少优势。例如,在长江以南广大地域的冬季里,洗浴采用灯照式采暖就很普遍。应用这种灯照式采暖很随意。简便和实用,很适宜于二手小户型房屋和少人口业主家庭使用。同时,也为发挥好灯饰成效,带来了广阔的前景。如图 6-13 所示。

图 6-13 把握小户型房屋装饰发挥灯饰成效

四、美化居室环境

二手小户型房屋装饰的根本目的，也是要美化居室环境，使用功能得心应手，视觉舒适，充分体现出装饰的成效。

美化居室环境有着多种做法，既可利用装饰手段，又可利用灯饰色彩调节。如果应用手段得法，会给予小户型房屋环境变化带来非常明显效果。

通常情况下，业主购买二手小户型房屋，必然会选择室内外环境比较好的。往往环境条件很有限，需要经过装饰方法和灯饰调节，会给予室内环境变化很大。不过，居室环境变化标准的衡量，不同业主有着不一样的要求。由此，必须依据业主愿望进行是很重要的。为满足不同业主及其家人心理和生理需求，在装饰实践中，经常采用自然借景、层次变化和色彩调节及采光用光等做法，实现美化居室环境，延伸境界和改善心理，以及提高视觉舒适的目的。

从业主到家人，给予面积不大的二手小户型房屋做装饰，期盼通过借景造型，色彩调节和灯光改善等手段，能达到理想的目标。而这种理想目标的实现，一般都是从视觉上的好感开始的，从而引起业主及其家人的思维联想和情感反应。美化居室环境，非常需要有效的装饰造型，利用几何形状和线条变化，使得空荡杂乱和简单的居室空间出现活跃而又靓丽的形体变化，让业主及其家人产生出无限的情趣和心理愉悦的感觉，提高对装饰居室居住和使用的兴趣和好感来。

如果采用调节居室环境的手法，则是在简约的装饰装修基础上，充分地利用色彩和灯饰光及自然光的作用。色彩有人为色彩和自然色彩。这些都是美化居室环境不可缺少的基本条件和必备因素。从装饰实践经验中得知，光色对室内环境美化影响很大，其反映出来的冷暖和情感会令人产生强烈的体验。冷色和被光会使人感到环境的压抑和疏远，以及亲近味。如果在室外遇到强烈高热光照后，突然间遇到冷色和被光，立刻会有一种亲近的舒适，把人身上的燥热抛向远远的。反之，在室外遇到阴冷和寒风的袭击后，是不能遇到冷色和被光的，只会加大阴冷的感觉。只能遇到温暖的光热下，立刻会有一种亲切的舒适感，将人身上的寒意眨眼间一扫而去。

同样，暖色光会让业主及其家人感到居室空间扩大，有一种环境开朗奔放的心境，容易激发情绪，拓展思路，开发情感，却不能同室外燥热状况融为一体，会发生一些负作用。由此，装饰美化居室环境，一定要同室外环境相适宜，同房屋所处朝向相适应，不能主观性太强，必须遵循客观条件，采用确切、适当和稳妥的做法，达到最佳的装饰美化和实用的效果。

给予二手小户型房屋装饰美化居室环境，必须善于应用光线和色彩的确切和适当做法。室内环境在很大程度上依赖于光和色的作用而产生良好效果。自然光和自然色是业主及其家人最习惯的光源和色彩。业主的视觉对太阳光和自然色彩的物理变化最适宜，能够适宜于太阳光的白天到黑夜，适应于自然色彩的春天到冬天的转化。对人为灯饰光照和色彩感觉，却有着不同的反应，给予感观上的不同反映和影响，就是适应于业主对自己房屋居室美化的真实意愿。

在装饰装修实践中得知，不同业主对于美化居室的光和色的感觉是千差万别的。在给予二手小户型房屋装饰创造出美观和靓丽的环境后，必须是满足业主的心理需求，给予业主生理环境得到是良好条件。由此，充分地利用光和色美化装饰室内环境，将成为一种主要手段。并且还显得经济和实惠，很适合于二手小户型房屋装饰装修需求。

应用光和色来美化居室环境，说起来容易，做起来并不轻松，重要的是必须依据业主的意愿，由人为地创造和美化居室环境，大多是充分地利用自然光和通风条件，在调节色彩上，也多以自然色彩和自然景象为样本，采用借景和借色的手法，能收到良好的成效。虽然，这种美化方式受到诸多条件的限制，表现出来的是小自然环境的状态，却是很适合于业主的视觉需求和心理感觉。同时，巧妙地运用这一做法，还能使得二手小户型房屋居室环境得到"质"提升，出现高品质和高品位的成效，让不同业主及其家人对自身居室环境美化，有着适合于的喜爱感觉，也就是装饰装修达到了最高的境界成效。如图 6-14 所示。

图 6-14 把握小户型房屋装饰美化居室环境

第四节　二手简装房装饰要点窍门

其实,购买到二手房屋不做装饰,也是可以居住和使用的,只是让人感觉有点寒碜,显得居住和使用条件不好,不适宜现代人的愿望。不过,最让人担忧的是,也许还会经常出现些意想不到问题令人烦恼。

通常情况下,会给予二手房屋做装饰装修,以此改善原有面貌,提升居住质量,获得好的生活品质。如果是受条件局限,在做这一类房屋装饰时,还是可以依据具体情况做装饰的,像抓住节俭利用有效设施,灵活应用简装空间,巧妙做出好看亮点和有效提升居住环境等,致使二手简装房屋达到实用、美观和展现个性特色目标。

一、节俭利用有效设施

购买到的二手简装房屋,虽然不如精装房屋美观,却在实用上还是可以的。为减少无谓的浪费和重复装饰,又能达到现代人居住和使用条件,做到美观和有个性特色,抓住节俭做法充分地利用有效设施这一要点,不失为做好简装房屋再装饰的一种好作为。

由于受到房屋居住和使用面积的局限,有不少旧老房屋在改造时,曾经做过装饰装修,只是其标准不如现代装饰装修,既讲究实用,又讲究美观。在装饰风格特色上,也有着很大的区别,很讲究实用,只是在跟潮流讲时尚上,没有个性特色,容易过时。同时,也因装饰用材更新换代过快,显然有些不符合现代装饰标准,即使是做过精致装饰的二手房屋,如果有着八成以上新的,没有必要做大拆大改的再装饰,经过必要处理和改善做法外,其他装饰状态,在新业主的愿望上,都是有必要进行再装饰的,以体现现代装饰美观和个性特征要求。

不过,秉着节俭和节约的原则,能充分地利用过去装饰中的有效设施,既是保障实用成效,缩短装饰时间,也是为保证再装饰质量,不发生质量和安全使用隐患,还是体现再装饰的个性特征和美观效果带来有利条件。例如,对于过去卫生间和厨房等处,尽可能地不做大的改动,已有的设施尽量地保存使用,以防处置不当造成用水渗漏和用气用电的安全隐患。认为有使用不方便的,可增添实用的设施,更换抽油烟机、灶具和洗漱具等。假若简装的房屋的电路、水路和用气设施等,不适宜于新业主的使用标准需求,还是要做全部拆改重新布局配装的。这样,就不属于简装房屋更改为节俭性再装饰要求,而是进行彻底改造旧老房屋的重新装饰标准做法。

针对于简装房屋做再装饰变化为精装房屋标准,重点是客厅、餐厅公共活动区域和睡眠休息的私秘区域,以及醒目的玄关、走廊和书房等地方。尤其是客厅和书房等居室的装饰装修,最容易反映出再装饰风格和个性特色的。作为精致装饰房屋,也分别出高、中和一般性档次。如果是做高档次的装饰装修,要给予原简装都要拆除,选用高档材和进行精装细做,呈现出不同风格和个性特征很强烈的成效。然而,现实中,大多采用中档次装饰,就在于节俭和利用原有设施,减少浪费。同样,能按照业主意愿做出有风格特色的装饰成效,才是最好的。

面对简装房的再装饰,如何把握好节俭利用有效设施,又要做出业主喜爱和符合业主情趣的装饰效果,重要的是依据原有设施适合于什么样的装饰风格特色,再巧妙地结合业主愿望,进行有效的改革创新,将业主的喜爱和情趣在醒目的区域凸现出来,或者选择家具和后期配饰给予补充完善。针对业主的情趣和喜爱,一般采用亮点和特殊表现做法呈现出来,以确保个性特征鲜明突出,能掩饰原有设施外观上的缺陷。如果是给予原简装房屋来做电视背景墙的状况,在给予客厅做再装饰的时候,不必拆除原有镶铺的瓷砖地面和顶面镶贴的装饰石膏板,只给予这些原装饰进行整改和修缮,使之面貌焕新,重点是要将电视背景墙,做出业主情趣十足和情有独钟的成效,再配以美妙的灯饰铺助设施,将个性特征尽可能地做好,让业主非常地满意,并且做出有特色的亮点,吸人眼球,致使简装房屋真实地向着精致装饰房屋的高品位提升上来。这种以"俊"遮丑的做法,为节俭利用有效设施,提高再装饰档次,呈现特色装饰,保证装饰装修质量和安全,给予简装房屋顺利成为精致装饰房屋的有效方法之一。如图 6-15 所示。

图 6-15　以节俭利用有效设施方式再装饰简装房

二、灵活应用简装空间

一般情况下,给予二手简装房屋再装饰,如果不是特殊需求,不会对原有分割空间做大的改变,大多以调配方式来满足业主居室使用功能上的愿望,以获得简装房再装饰的最佳成效。或者是对过去划分的空间出现不适应新业主的再装饰要求,也只能通过重新谋划布局,得到使用功能的完善,或者是增添设施,增强使用功能,采用灵活应用简装空间的手段,将再装饰作用充分地发挥出来,以满足业主及其家人的使用功能需求。

灵活应用简装空间,致使再装饰完善使用功能,达到最好成效。由于过去受到装饰条件的局限,在简单装饰装修房屋时,没有充分地利用好居室空间,使得灵活空间减少,或者是不方正和不打眼的闲置空间没有得到充分利用;或者是实用性太差,储藏功能不足等。在再装饰时,就要针对业主意愿和实用需求,提高合理利用空间和实用成效,尽可能地发挥居室空间的有效作用。做到在不损害居室结构和保障安全的前提下,可利用非承重隔墙打通配装框架式储藏柜,增加储藏功能,并且不失时机地将不规则和不打眼的空间,依据实际条件改做角柜、长柜和形柜,或者做装饰造型,提高视觉效果和实用成效。例如,有的房屋落水管从阳台内角垂直而下,虽占用空间不多,却影响到装饰视觉效果,不妨利用其占用内角的空间外围谋划设计制作一个落地式高柜,既可掩饰落水管影响装饰观瞻的缺陷,又可利用高柜储藏多种物品,获得一方二便的成效。

在卫生间和厨房内,大多数简单装饰装修不会将使用功能分配细致,存在储藏和使用功能不健全等状态。在做再装饰时,不妨从增强使用功能入手,将卫生间安装上推拉式隔断门,分别出干湿区,不影响到洗漱和便溺同时进行,互不干扰,提升方便性;给其顶部做装饰后,可增添照明和保温,以及通气功能,提高使用舒适性等。同时,将厨房的储藏功能提上一个档次,利用灶台、洗涤和切菜台面下的空间,做成各不相同用途的矮柜,或者在台面上部空间装配一线吊柜,便可大大提高厨房内储藏功能和使用方便性。

如果业主购买的简装房屋面积不大,感觉客厅使用功能紧张,便可谋划设计将生活阳台空间改做厨房,厨房改成餐厅。这样做有针对性的装饰改建,不但可以有效地利用简装的有限空间,还可极大地改善居室使用条件,将作用和使用不很好的空间提升上来,为提高居住品质创下了坚实基础。不过,做这样空间使用功能的改变,必须严格遵循使用功能的装饰安全要求。生活阳台地面防水确保万无一失,承重力结构不发生安全隐患等。

如何灵活应用简装空间,主要是针对原有装饰装修存在漏洞和不足之处,进行有目标性的变更和改进,不能让再装饰存在同样问题,更好地利用居室的所有空间发挥出应有的作用。针对大面积的简装房屋,不仅要将没有充分利用的空间发挥作用,不能造成空间浪费和视觉困惑,而且使得居室活动区域,分工明确,互不干扰,提高私秘使用功能安全性;对于中、小面积简装房屋,必须依据业主的实际要求,对原有装饰装修存在利用空间不够的缺陷,做出灵活性谋划设计和布局,使不切实际的空间利用得到纠正,发挥作用不大的空间得到改变。特别是针对小户型房屋存在利用空间不恰当,或者没有多余空间提升使用成效,便做"扩大"空间的利用。例如,利用居室空间做上下层装饰,或者利用居室上部空间做储藏装饰,下部空间做多项功能使用;或者利用上部空间做睡眠和储藏功能装饰,下部空间做各项活动功能使用,以此扩大简装房居室空间是再装饰必须利用的机会。

还有灵活应用简装空间,是要充分利用再装饰的精装细做手段,尽可能发挥装饰装修优势,为业主及其家人改善居住和使用条件,提高居室品质和品位起到作用,而不是浪费资金,错过机会,固执地生搬硬套,重复简装空间,推砌装饰材料,致使装饰资源不能很好地利用,降低二手简装房屋再装饰成效就不好了。如图 6-16 所示。

图 6-16 以灵活应用简装空间方式再装饰简装房

三、巧妙做出好看亮点

针对二手简装房屋的再装饰,必然要做出好看亮点,不失为一种精致装饰装修。巧妙地做出好看亮点,需要做在业主喜爱,或者公众喜爱的部位上,是很重要的。由于每个业主的民族和习俗要求不同,以及个人喜爱不一样,对于装饰亮点感觉和布置部位要求不尽相同,应当给予尊重,不能由装饰从业人员自成其事,按照自身喜爱和习惯来做,必定会出现问题和产生矛盾的。即使是公众普遍认为好的亮点,或者适合做的部位,如果不征求业主的意见,同样会产生矛盾和争议。究其原因,是个性不同,喜爱差异,依据业主的意愿来选择和确定是不能违背的。这一类型的业主主见性很强烈,个人意愿很明确,个性特征很鲜明,只要是给予尊重,大多数情况下是能协同得好,做出业主满意成效的。针对这一类型业主的意愿,作为装饰从业人员必须要坚持的原则是,不能给予装饰房屋结构造成安全隐患,也不能存在同装饰装修风水相违背的情况。

对于做在公众喜爱的部位上的亮点,是按照通常要求进行的。允许这样做的业主,一搬是个性特征喜随大流,随意性和随便性多的。面对此类的业主,作为装饰从业人员更不能有松懈情绪和麻痹大意的观念,更要提高自身职责和重视选准责任性,将靓丽点做得最佳,做准部位不能有丁点差错。因为这一类型业主不是很有主见和意愿不明确者,容易发生动摇,有听从别人摆弄多,稍有点差异就成为找"岔"的理由,使得装饰从业人员出现左右为难的状况。尤其当制作亮点完成之后,业主提出改变造型,或者改换部位,不仅造成人力、物力和财力的浪费,而且容易引发矛盾和纷争的产生,尤其容易损害装饰从业人员的自尊性和工作热情,带来工艺质量的下降和亮点呈现的效果。因此,面对这一类型业主做装饰亮点,更要做出让公众都赞不绝口的成效,选准的部位更是无可挑剔,比较做有个性特征的更加要好。要么,就得做好前期工作,同业主做好书面保证形式意见统一书,是避免出现矛盾和产生纷争的稳妥做法。

针对简装房屋再装饰巧妙做出好看亮点,一定要依据不同业主情趣来选型和选色,选准符合业主心愿的位置。一般情况下,亮点是很耀眼,吸人眼球,引人关注的一个点,或者一个部位。在做装饰装修中,呈现亮点的地方不止一个,各个亮点应当有着不同含义和看点,关键是要把亮点做出特色,显得好看,并且呈现出不同的成效。例如,客厅的亮点,大多选择在电视背景上,重点位置有区别,有的选择在悬挂或者摆放电视机的位置,即在墙面中央部位,选用不同色彩显现出来;选用不同造型凸现;选用不同材质展现等;也有选择在电视背景墙左侧,或者右侧墙面作为亮点呈现部位,其做法同样有不同造型、色彩和材质,凸显业主的情趣和喜爱;还有选择给整个电视背景墙面造型和涂饰色彩,把亮点做大做醒目,是针对客厅面积大,做出来才会给人深刻印象,再辅以灯饰光亮凸现其重点,将客厅亮点做得非常有特色,成效好。

　　同样,在餐厅、走廊、玄关和书房,以及活动房、卧室等区域,都会有着各不同看好的亮点,给人耳目一新的感觉。餐厅有做一面墙,或者利用灯饰光作为亮点凸现的,走廊有内端墙面和顶部造型做亮点的;书房有选用墙面和书柜做亮点;卧室在床靠墙面做亮点的,即使在厨房和卫生间内,也有选择部位做出亮点。卫生间有在洗漱台上方选择镜前灯,或者在墙面造型作为吸人眼球的亮点;厨房选择橱柜,或者橱台面做出亮点,给人精神感觉特别兴奋和眼前一亮的深刻印象,呈现出业主很感趣味的亮点,以此提高装饰装修品位成效,让人留下精致装饰确实不同于简单装饰的明显区别和深刻感受。做出好看亮点,选择的亮点组成一个个不同凡响的精致装饰"部件",为改变整个居室环境面貌,提升业主居住条件,起到不可估量的作用。如图 6-17 所示。

图 6-17　以巧妙做出好看亮点方式再装饰简装户

四、有效提升居住质量

　　做二手简装房屋再装饰,为的是有效提升业主居住质量,体现装饰品位,让业主及其家人感觉到装饰作用对生活的重要,改善居住环境质量不可缺的手段,必须要抓住重点把好关,做出高质量和高品位的装饰效果,才能达到目标。

　　为有效提升居住质量,针对简装房屋的再装饰,还需要从整体上下功夫,做出高质量和有风格特色,能让业主满意的装饰装修。从现代居住的新装饰新概念中,二手简装房屋再装饰,应当渗透着业主的情趣喜爱和生活习惯特色,多一些新创意,少一点旧陈规,给业主及其家人营造出一个真正属于自己的一片居住环境。为实现这一目标,应当根据业主的实际情况,确定新的装饰风格和特色,做到风格色彩协调统一,不要出现色彩过多过杂的现象。尤其是现时代业主普遍追求"健康装饰"中,二手简装房屋的再装饰同样要注意讲究这一点,不能同"一手"商品新房装饰有任何的区别。所谓健康装饰,就是"绿色装饰"。在二手简装房装饰装修上,从谋划设计到选材和施工,以及后期配饰上,都要从有利于健康和对环境影响最小。尤其在施工上,尽可能地采用自然采光和通风,将装饰材料和人类活动引起的污染物质,能做到即时排放;在选用装饰材料时,采用"绿色建材"推荐产品,不用有害物质超过国际或国家规定标准的,即得到国家环境标志产品认证委员会(CCEL)认证的。不然,不但不能有效提升居住质量,而且还可能造成恶果,就不是好的装饰装修。

从以往二手简装房屋再装饰的实践中,在应用色彩上,必须把握好基本色调,依据不同业主的喜爱,做出不同色彩,不同特色,不同使用功能的最适宜的基调,给不同业主带来不一样的感觉和回味。例如,卧室是睡眠休息地方,强调做出安静和温馨的成效,让人易于睡眠,经常采用浅绿、浅桃色,让人感觉进入到宁静休息的环境中。即使是浴室这样看似很简单的装饰装修,其实做好了,给人的感觉也是大不一样的。如果应用彩色工艺玻璃门窗和造型典雅的浴缸,蓝花瓷做的洗浴工具,必然会让使用者感觉到新颖实用而又温馨的浴室环境,对于提升居住质量其作用也是不可小视的。

要营造出一个有效的居住质量环境,对每一间居室和每一处地方,都有着不同以往的再装饰效果,让业主深刻体会到精致装饰不同一般,是自身非常满意的居住环境。不仅从客厅、餐厅到卧室,都是有适宜的特色,而且其他任何一个区域,有着自己独有的业主情趣和喜爱。例如,像书房需要的生活质量是安静,少干扰,就应当选用远离公共活动区域,或者是私密区域外侧独立的居室。在再装饰布局上,根据业主意愿可将书房分为读书区、休息区和藏书区等。藏书区分布在靠内墙面,倚墙设立书柜。读书区分配在窗前,侧身为书房门口,读书人背靠书柜,取书藏书都很方便。而休息区则分布在适当的角落,最好在进门的一侧倚墙边,给予中间留有适当的活动空间。除此之外,书房尽量布局在朝向好的居室内,有着好的自然采光和通风条件,装饰布光要显得明亮、自然、柔和、均匀,没有任何色彩,墙面和柜面涂饰均采用亚光涂料,不影响视力,情绪也少受干扰。地面最好选铺木地板,有利于电脑操作,防止静电过多,湿气太重。颜色柔和,使人易平静,尽量避免艳色和跳跃式对比强烈色彩影响人的情绪,而失去读书好心情。如图 6-18 所示。

图 6-18　以有效提升居住质量方式再装饰简装房

第五节　二手平房装饰要点窍门

在二手房屋交易中,平房的数量也是比较多的。像老式的一居室和次新房的写字楼房屋等,都属于这一类型。针对这一类型房屋的再装饰,要针对不同使用要求和业主愿望,有目标式的进行,不可盲目做的。有作为过渡性居住使用装饰;有作为办公使用装饰,也有作为经营性场地装饰等。情况不同,选择装饰也应当有区别。特别是在合理利用空间布局家具和选配色彩上,需要抓住装饰要点。主要体现在巧布使用空间、色差分离空间,灯光营造空间、立体活跃空间和精致轻松空间等,使得二手平房再装饰,能凸现出独有特色,给业主营造出一个适宜的氛围。

一、巧布使用空间

一般情况下,二手平房只有一间居室,面积很有限,作为业主居住和使用功能不可少,同多居室房屋业主使用一样,需要装饰从业人员尽可能地解决好居住和使用功能,达到实用和美观的目的,以适合于业主的不同需求。

作为二手平房的再装饰,提出有居住和使用功能的情况是最多的,既要实用,又要美观,还要感觉到舒适大方和有个性特征。巧布使用空间,做到一区多能,是这一类型房屋再装饰必须实施的装饰手法。从以往工作得出的经验,平房再装饰最突出的主要的功能是,必须满足睡眠休息和就餐生活。对于睡眠休息要求宁静和安全,能从布局空间上给予充分保障。同时,将性质相类似的使用功能进行合并布置,而性质不同,或者相反的功能,则进行合理和巧妙的分离。像睡眠、学习和储藏等多种使用功能为一个类型;会客、休闲和就餐等使用功能为一个类型。这样两种类型功能做到合理布局,又不能使用隔墙、隔门和隔帘等方法进行隔断,会影响到室内采光、通风和使用成效,带来诸多不便。不过,有实施隔吊帘隔断做法的。必须根据实际使用状况实施"硬性"或者"软性"分隔方式。所谓"硬性"分隔方式,不是应用装饰砌隔墙和安装隔断门,或者使用活动性隔帘,而是使用拉动式吊帘;或者分出上下层,将居室内给上层装饰吊柜或吊床等,将储藏和睡眠功能分为上面层,下面层做会客、休闲和就餐等活动功能空间;或者将上层装饰成储藏使用功能外,将下层做活动式床铺,晚上睡眠休息将床铺落下架来使用,白天则将床铺架挂于墙面,留出活动空间做其他使用。所谓"软性"分隔方式,是以装饰色彩和灯饰光亮来划分不同使用功能区域。这样做的目的,就是确保平房使用功能的通透性,不可以在很有限的居室空间中,再增添人为的障碍而影响到实用效果和美观性。

如果是将平房再装饰成为办公和经营场地使用,同居住装饰是有明显区别的。做成办公场地装饰,虽然也需要做出"一区多能"的谋划设计和施工,比较居住使用功能分布空间要好得多,主要分为会客、办公和文件储藏,其确定空间用于摆放办公桌椅,沙发也不需要占用太多空间。分布的使用功能也没有居住和使用功能多,显得精练和紧凑,装饰色彩也显得简洁明了,不需要运用色彩和灯饰光亮划分区域,装饰成一个整体色彩,为简约明快风格。储藏功能占用的空间偏少,以简单存放文件就达到要求。需要整个空间成通透型,显得空旷和舒适为特征。却也有呈现多功能办公式样装饰的,分别出内外办公和会客及休闲于一体的装饰使用功能做法,要求从墙面、顶面或者地面,做灵活性巧妙布局不同功能,作出明显区别,也采用"硬分隔"和"软分隔"方式。"硬分隔"采用安装 2 m 左右高度的玻璃隔断,或者拉动式吊帘隔断式划分空间,以达到实用目的。

如果作为经营场地装饰,比较办公装饰更显得简单些,其使用功能划分区域更为方便,除了有收银台和简单储藏功能划分作家具、吧台隔离开外,大部分空间用于经营场地,不需要作一区多功能空间巧布使用,只要按照业主经营功能要求,在再装饰谋划设计和施工上,做到统一精致,色彩选用不要出现杂乱无序的问题,能呈现出简约大方和合理性,能与经营项目相统一,营造出一个美观氛围,让业主和顾客产生情趣和喜爱成效。如果装饰效果能起到吸引顾客眼球,引起广泛青睐,为业主经营招来顾客盈门的氛围是再好不过了。如图 6-19 所示。

图 6-19 以巧布使用空间方式再装饰平房

二、色差分离空间

对于二手平房再装饰,要达到一个理想的效果,采用"虚实结合"方法,即做到"虚"中有"实","实"中有"虚",是给予这一类型房屋再装饰应用的重要手段之一,会带来实用和美观的成效,也会给予这一类型房屋装饰,创造出新经验。色差分离空间,就要做好虚实结合,应用这一手段实现理想目标。

做二手房屋再装饰,大多采用实装实做的方式,即给予装饰装修做实际谋划设计,实地装饰施工,实材应用配装,做出的装饰效果实实在在,看得清,摸得着,给予业主是实际的放得心,信得过的感觉。但这并不是做好装饰装修唯一的方法,有时做得不好,还会给予装饰成效造成费工、费材和费钱等不为好的结果。针对不同装饰状态,在实装实做达不到好结果时,不妨采用"实"中有"虚"的装饰方式,比较全"实"的做法会好得多,让业主更满意,就是色差分离空间的优势。

所谓色差,即是色彩的差别。在装饰装修中经常应用得到,能得到实用和美观的双层工效。色彩在居室装饰中,不但能使格调发生不同的变化,产生人见人喜爱的效果,而且能给予业主及其家人精神感染,起到情感变化的作用。从装饰从业人员到业主,都是很注重色彩,能充分地利用色彩变化的差别,为二手平房装饰增光添彩,变化无穷无尽,带来诸多意想不到的惊喜。同时,也弥补装饰实装实做方式上的不足,为尽力发挥色彩装饰优势,给予装饰从业人员和业主更多的满足。

应用色差分离空间,在于针对平房有限空间,不能过多地运用装饰"实"的做法来分离,却需要根据使用功能不同作空间分离,给予业主及其家人心理上一个界限要求，也给予实用带来方便。因为，二手平房的再装饰，目的是为了实用，使用起来能得心应手还符合心理上的要求。这样，运用色彩差别进行使用功能和实用空间的分离，给予空间的使用功能区别，带来了极大的方便，还不影响到二手平房的通透性，有利用自然采光和通风。

应用色彩差别分离空间，既可利用装饰材料自身色彩差别，确定不同的使用区域，又可人为地利用装饰造型涂饰不同的色彩，或者是从墙面、顶面和地面涂饰不同色彩强调空间分离，给予业主及其家人和外来客人观念上一个明确的概念。

以色差分离空间，让业主及其家人心理感觉分明，界限清晰，重点凸现，空间明确，安排有序，使用方便，体现出"虚"中见实的成效。就是说，只要利用材质的色彩差别，或者是涂饰上不同色彩后，就能以色彩这个"虚"的做法，也能"隔离"开不同空间的使用功能，起到装饰"实体"的作用。对于二手平房再装饰达到实用成效，是一个值得倡导的装饰做法。例如，做平房装饰时，为明确睡眠休息和会客休闲区，便采用地面镶铺不同色彩的装饰材料，给予视觉上明确地将空间分离开来。如果是粘贴墙纸，也以选择不同色彩的，以此分离空间，让人从色彩上一眼就明白空间用途的不一样。值得注意的是，应用色差分离空间，选用色差不能太杂太乱，以同类色深浅为佳。如果选用对比色差，则要针对使用目的不同，并且依据二手平房自然采光和通风成效，对于采光好的可选用对比色差，却不能影响到装饰效果的发挥。同时，选用的色彩必须符合装饰风格特色要求，还需要充分体现着业主的情趣和个性特征。最好能运用色彩差别营造出新颖多变的空间，呈现丰富多彩，新意百出的氛围，以此来提升装饰品位，给予业主及其家人带来无穷乐趣是再好不过了。如图 6-20 所示。

图 6-20　以色差分离空间方式再装饰平房

三、灯光营造空间

由于二手平房空间有限,经常给人一种压抑感,在做再装饰时,要能够营造出宽松空间感觉,对缓解压抑,提升舒适性是显得很必要的。应用灯饰光便可实现这一目标,不妨多试一试,为二手平房再装饰发展做点新探索。

从表面上看,一套二手平房屋,其面积和空间都是很明确的,不存在可调节和营造出新空间,恐怕连装饰从业人员也会产生同样的疑惑,更不要说业主不理解了。其实,作为装饰从业人员和业主,往往容易对平房空间经常产生错觉,只有在再装饰后,能最大化地利用了二手平房空间,并且通过灯饰光的作用,营造和调节了空间,才有可能弥补错觉和满足业主心理需求,实现真正意义上的装饰成效,解决心里的疑惑。

例如,二手平房空间过高,做过局部吊顶,或者进行了吊柜配置,从装饰实体上已做了最大的努力,也取得了实际效果,从业主的心里还是存在空荡荡的不踏实感觉。针对这样一种情景,装饰从业人员便很需要应用"虚"的做法,不必要再从做实体装饰上,费精力和费功夫,可采用在局部吊顶内配装向上投光的射灯,或者是地面安装向上射光的地射灯,有意识地将墙面营造出明暗两段面。由此,经过灯饰光的调节作用,解除了心里感到空荡荡的不踏实疑虑。

如果是针对二手平房屋空间高度偏低有不舒服感,在经过实体装饰后,不妨也运用灯饰光的作用,营造空间升高的感觉,排除不舒服的心理阴影。利用顶面做了局部吊顶的机会,将灯饰具配装藏于吊顶内,让灯饰光产生出幻影的效果,给人感觉空间变得高远去;或者是给予顶面强烈的灯饰光感,令人立即产生出一种踏实而明亮的心情,让受压抑的心里变得轻松了许多,从而使得业主在灯饰光营造出的氛围下,心境得到极大改变。

运用灯饰光营造出高远和扩大空间的同时,也完全可以给予平房空间,营造出紧凑和踏实成效来。有的二手平房为达到采光和通风的要求,便采用通透性装饰,在春、夏和秋季节里,业主及其家人不会有丝毫不适应的感觉,一旦进入寒冷冬季里,特别是在中国黄河以北广大区域,身处这样一个通透的空间里的业主及其家人,以心里上或多或少会有着不寒而栗的感觉。便又可以利用灯饰光的作用,给通透空荡荡的空间营造出独有的紧凑空间,运用插座装配出具有灯罩的灯饰,形成一柱强烈的灯饰光,照射到业主及其家人的身居处,便会让业主及其家人立即意识到通透的空间在变小,倾刻感受到灯饰光给自身带来了亲近和温暖,寒意也会随着驱散去不少。

在二手平房屋再装饰中,应当充分地运用灯饰光的优势,为业主及其家人营造空间。从营造出各种大小不一和高低不同的空间里,给予装饰成效带来的作用是不好估量的,对平衡和安抚人心情会立竿见影,是其他装饰装修方法无可取代和弥补的。如图 6-21 所示。

图 6-21　以灯光营造空间方式再装饰平房

四、立体活跃空间

二手平房屋的再装饰,既为实用,也不否认要美观,还要显得活跃。这是针对二手房屋装饰上,提出的新课题,需要给予解决的新命题。似乎在装饰装修行业还没有探索过,却是很现实的问题。

呈现立体活跃空间的装饰装修,是体现全方位的活路状态,装饰的地面不再是一般性的,有着多种变化,既有层次式样和材质的变化,又有着色彩、花样和造型的不同,使得地面装饰不是平坦坦、清一色和一种材的装饰,是有多种式样,多样材质和多个色彩很协调、很活跃和很美观的。同样,作为居室空间和墙面,也不再是"四白落地"和空荡素味,却有了凹凸变化,有造型,又有色彩;有素面,又有彩画;有凹处,又有凸处;整个居室空间的各个方面呈现出栩栩如生的景象,不再是一样的直线,一样的横边,一样的阴阳角,一样的墙面和顶面,完全是多样性,既有直边,又有曲面;既有白色,又有彩色;既有花鸟呈现景面,又有晶莹晶亮造型等,同精致、实用和立体形家具,竞相生辉,相互争美,形成一个立体形的活跃画面,相互协调统一,必然会使得平房屋空间变化成有生命力的"活体"一般装饰效果。

还有平房的顶面,依据业主意愿和空间高低不同的状况,做了局部吊顶。顶面造型面,有曲线和圆弧;有圆形体和凹凸体;有椭圆、棱形和方形等。在色彩上也有着变化,再加了不同形状的灯饰光的照射,倾刻间,顶面也是一个灵活生动画面,营造气势,展现风采的立体活跃景观。与地面和墙面形影相衬,同空间相互渗透,致使整个装饰装修形成一个活跃的立体形。

针对二手平房屋装饰实际需求,给予居室凸现出一个有形有景的活跃空间,不一定完全是由做装饰造型获得,可以制造各式实用的储藏柜、摆物柜、综合柜和墙体柜等,从形体上做些变化,形成一个活跃的外部不同形状的,同样可以使得空间成为立体的活跃氛围。例如,利用层次分明的做法,既可实现立体活跃空间的目的,又可花最少的钱,得到高质量的居室装饰成效。为实现立体活跃空间这一要求,在利用层次分明做法时,大不可眉毛胡子一把抓,应以凸现"重点"和"亮点"为突破口,把重要部位和亮点之处,采用不同材质不同色彩和不同式样,巧妙地配制在不同位置上,既能保证装饰造型活跃和高雅格调,又能做到实用和实惠,还显得经济,为业主使用和观赏把好关,能真正地把二手平房屋装饰装修,做成实用、舒适、健康、美观、活跃和放心的精神港湾,提高居住和使用品质及品位创造条件。如图 6-22 所示。

图 6-22 以立体活跃空间方式再装饰平房

五、精致轻松空间

由于二手平房屋面积不大,为使业主居住和使用显得轻松,装饰采用精致和精确做法,最大限度地利用空间和活跃空间,实现实用和方便要求,在装饰上不繁琐,以简约、简洁和简单方式做基础;装饰家具采用精而少原则,尽量不占用活动空间;装饰分割空间以"虚"做为主,"虚"实结合进行,给业主一个精致轻松空间的装饰成效。

要做到精致轻松空间,发挥出居室使用功能的最大成效,应当根据居室空间高低和宽窄状态,实施简约、简洁和简单的装饰做法,以实用为主,给予平房屋空间配置精而实用的家具,从视觉上致使空间能"变"大。除了巧配色彩,增强采光成效,巧布家具不占用活动空间外,就是巧用居室上层空间,给予妨碍视线的各类储藏柜,都装配在居室上层空间靠墙面位置,不占用地面空间。而地面空间采用摆放矮柜、沙发和活动形的实用家具,既可起到分割空间和活跃装饰,获得轻松的目的,又可获得自然采光和通风好,让视觉感到舒畅的成效。

从家具布置上,尽可能地采用现场制作,充分地利用各闲余、角落和不规则的空间,以"空"定做,实现精致,并且从装饰件和装饰家具制作上,做到造型、色彩和格调统一协调,搭配和谐自然,合身精确不走样,还能体现个性特征,让业主从视觉和心里上,都清晰感到装饰精致,心里轻松,表情很满意状态。

同样,针对二手平房屋装饰实现精致轻松要求,在家具的配置上,也应当做到"精致",才会给业主及其家人一个好而实用的体验。配置家具,必须针对实际空间进行,不可随意来做,需要配置实用而精美的,或者是多配置一些折叠及多用途的组合式家具,相应减少家具的件数,扩大可自由活动的空间,达到视觉和感觉上的舒适目的。同时,依照配置家具要"精一点"和"减一点"的好做法,对于精致轻松空间无疑是有作用的。如果还能对居室空着的角落和不显眼的地方也不放弃利用,放上一个或者几个多层脚架,更会体现出精致轻松的作用,给使用更增添了更多方便。

还有是充分利用"虚"实结合做法,巧妙地利用空间。这种巧用空间是将一些看似无可用空间,最大方便地发挥其作途,并且使得空间能活跃起来。同时,又应用"扩大"和"创造"的方法,使得居室空间"变大"起来。还可变得多样化、人性化和趣味化,给予有限的空间具有丰富多样的变化,才会显得精致和产生轻松感。

首先是把有限的空间能"增大",以小见大,将那些不起眼的空闲之处的作用开发出来,不轻易地浪费去,采用借景、流通、层次、高低变化和色彩调节来扩大和延伸空间;有的采用折叠式,或者组合式家具,经常地变换组合,不断地调整位置,必然会呈现出常换常新,产生轻松感的。

光和色的千变万化,也会给予精致轻松空间起到好的作用。做二手平房屋装饰,尽可能地利用自然采光和通风条件,是会减轻心里压抑。应用创造的色彩,改变业主对居室空间的感觉,尤其是巧妙地搭配色,会使居室空间在视觉上变得开阔起来。不同的色彩在居室内的应用,给人的视觉和心里感受是大相径庭。必须要依据业主的喜爱和装饰风格特色要求,更确切地配饰适宜的色彩,给业主及其家人带来轻松的感觉。却不可以出现相反的结果。除了在装饰装修中,根据居室所处位置和朝向,适宜地给予不同居室空间涂饰不相同的色彩,使得空间是扩大和给业主及其家人精致轻松的感觉。同时,也可以利用后配饰的布艺色彩进行巧配巧装,达到精致和轻松空间的目的。仅以布艺中窗帘配饰变化为例,从色彩到形状稍有变化,给予业主及其家人的心里感觉是大不相同的。如果把窗帘做成整面墙一样的式样,会给予视觉上产生宽敞感;做成紧凑波浪形的,会给予业主及其家人一个精致而又有情调的感慨,为居室装饰装修带来无限生动和任意想象的乐趣,其心情也就很自然地轻松起来。如图 6-23 所示。

图 6-23　以精致轻松空间方式再装饰平房

第七章　二手房装饰持新窍门

　　要想二手房屋装饰能在较长时间内,保持着良好的状态,做到成效好,能时尚,不过时,有兴趣,很喜爱,不产生厌烦情绪,对其装饰装修成果持新把握是非常必要的。重要的是要从使用持新、家具维新、灯饰焕新,和"余地"创新等多方面做好工作,致使装饰装修具有着长用长好,长住长新,长时间里保持着让业主及其家人视觉和心里上的舒服感,情趣常有,就是对二手房屋装饰长时间保持新颖、新奇和新鲜感觉的最好把握了。

第一节　二手房使用持新窍门

　　针对二手房屋装饰使用持新把握,不管是旧老房屋的再装饰,还是次新房屋的新装饰,不能随着房屋外观的变化,很快变得陈旧和过时,让业主及其家人失去兴趣,显然是给予装饰成果做得不如人意的讥讽,谁也不情愿出现的。要避免这样状态的发生,就需要在使用上讲究方法,把握诀窍,将时新的、超前的和独有特色,以及具有的优势长时间保持下去,并要从保持色彩新艳,修补装饰损害、变换配饰风格和增添科技新品等方面下功夫,形成一个良性循环。

一、保持色彩新艳

　　二手房屋再装饰后,能给人耳目一新的感觉,就是从装饰造型独特,色彩新艳,格局合理,配饰时髦和细节精致等方面体现出来的。尤其是色彩新艳,搭配新颖,突出"色"的特性,给予房屋装饰保持良好的状态,起着事半功倍的成效。

　　保持色彩新艳,主要体现在涂饰层面不能发生明显变化,能长时间保持着清新、清洁和清雅的状态,而不是污垢、模糊和褪色的模样,让人感觉到色彩仍然新鲜、新颖和新艳,不存在任何陈旧感觉,依然是业主及其家人喜欢和情趣浓厚的色彩层面。所谓色彩,涵盖了所有的颜色。尤其是在现代装饰中,主张简洁、简单和色彩不宜太多的情况下,浅色彩会占有相当大的比例,纯白、奶白、浅白和灰白等色彩,是体现朴素无华和"余地留有"装饰风格的主要特征。这种装饰风格成效,最经得起使用,保持色彩新艳时间长,成效好。不过,有不少选择其他不同色彩的,如黄色系列、绿色系列、红色系列、蓝色系列和灰色系列等,展现出不同业主对色彩不同偏爱,也体现出不一样的装饰风格特色。特别是针对不同业主情趣和喜爱要求,做出不相同的装饰色彩成效,给予保持色彩新艳成效带来了一定的难度,需要从做装饰装修开始,有着充分的涂饰标准要求,必须讲究高标准、严要求和好质量,不能出现色彩易变化、易褪色和易染色的潜在问题,把好色彩选材、调配和涂饰关,为不能轻易出现质量隐患打下坚实基础,保持长时间装饰色彩新艳创立条件。

从以往二手房屋装饰层面涂饰的经验中,要保持装饰色彩新艳创立条件,重要之点是依据不同装饰风格和业主的色彩情趣,做好色彩调配和搭配,并做成涂饰的牢固色彩基础。例如,二手房屋装饰选用现代式装饰风格,多以浅茶色、棕色和象牙色等色彩系列,或者以白色、灰色等系列色彩搭配为特色;古典式装饰风格多以深红,绛紫和深绿色等色彩为特色;还有自然式装饰风格,以大自然植物,地表面等色彩为特色,形成了不同的色彩和装饰风格特色,如果不能使原有的色彩新艳,会明显淡化原有装饰风格特色。在居住和使用时,不要随意使用带水的物件接触色彩,更不可使用褪色和去色剂接触色彩,也不可给予涂饰色彩的基准表面,做破坏性损害,会容易影响到保持一致,不利于色彩保持新艳。需要业主及其家人引起重视,在日常生活和保养装饰色彩上,不可乱来和小心对待。

保持装饰色彩新艳,必须经常性地使用干净适应工具,清理表面层灰尘、污垢和杂物,不能让其影响到色彩的变化。如果发生污垢影响和感染,要立即清除干净。在清除后尽量进行补色,力求达到一致。假若发生色彩面层损害时,要将基层处理好,再做补色。补色工作尽量不要影响到其他面层色彩,以免发生感染变化。同时,选用补色材料,应当是同一个品牌和同一个批号的为佳,以防色彩材料品牌和批号不同而出现意外影响,不能实现色彩长时间保持新艳的目的。补色操作,最好请求专业人员来做,不能由任何人随意动手做,既不利于补色效果,也会影响到保持色彩新艳的质量。如图 7-1 所示。

图 7-1 房屋装饰持新
必须保持色彩新艳

二、修补装饰损害

由于人为和意外情况,装饰损害会经常发生,对于二手房屋居住和使用持新是很不利的。如果能够及时地修补损坏部位,给予装饰成效保持良好状态,让业主及其家人不为损害存有不舒服的感觉。同时,给予装饰持新创造了一定的条件。

其实,做损坏修补是不可避免的。无论是涂饰面,还是涂刮面,由于各种原因会发生不同程度的损坏,对于很讲究和爱惜装饰成效的业主,必然会要进行修补。这种修补是很专业性,而不是随意应付,能达到修复如初。例如,木制面,或者刮涂面的损坏,要修复达到或接近原有效果,必须由善于做专业修补经验丰富者来做。否则,达不到修复好的目的。当墙面或者地面镶铺(贴)的瓷砖(片)出现空鼓,将发生脱落,需要立即进行修补。这种修补没有经验积累是做不好的,会出现很多瑕疵,达不到令业主满意的效果。做这种镶铺(贴)修补,既要把握住水泥浆干湿收缩尺寸和气温高低影响因素,又要操作者把握施工手法和基层处理程度,还要注意到地面瓷砖和墙面瓷片补贴,同原瓷砖和瓷片面找平尺寸的不一样把握,是需要依据丰富经验,才能做得好的。一般补铺(贴)基层面和瓷砖(片)做好处理后,镶铺地面瓷砖要高出原有瓷砖表面0.8 mm左右。如果搅拌的水泥浆含水量高,镶铺要求高出1 mm;假若搅拌水泥浆好的,则只要求高于0.8 mm,等待水泥浆强度达到标准后,新镶铺的瓷砖便能同原有瓷砖表平面相一致。

针对刮涂面和涂饰面损坏的修补,同样需要有丰富操作经验的专业人员,得到的质量令人放心一些,不然,也会达不到业主期望的质量标准。例如,刮涂的墙面发生了细小裂纹。如果仅做仿瓷从表面填补缝隙,显然解决不了问题,不但裂缝不能修补好,反而会增大缝隙裂口,更加影响到视觉效果。要实现缝隙修复合的,必先沿裂缝使用薄刀片,或者钢锯片清除疏松的颗粒。然后,刷去和清除尘粒,接着湿润好裂缝内外,再用薄刀片,或者铲刀填补满仿瓷,尽量仿瓷嵌入足够深度。由于仿瓷含有水分,可能填补一次达不到要求,便要填补多次,每次填补要待填补的仿瓷彻底干燥后,才能接着填补。因为填补的仿瓷有水分等待挥发干透,才利于缝隙填补。如果是填补的仿瓷外先干,内后干,就有可能被外先干紧缩而造成内脱壳问题。在缝隙填补好后,将表面打磨平整和光滑,再涂刷涂料修复表面。

如果墙面或者顶面裂缝较大,就要先使用铲刀或者锉刀等工具,沿着缝隙深度将疏松层尽量地清除干净,达到坚固的基层面后,接着应用刷子或者喷头将缝隙内扩大和加深的基层面湿润好,不能留有干燥面,当水分稍干燥没有明显水分,就应用填缝剂分多次进行补缝。填补时,应用柔性铲刀将填缝剂完全地填补于裂缝内。每次填补完成,必须等待干燥再作新填补,待低于表平面1mm左右,表平面用仿瓷刮平。需要注意的是,使用填缝剂材料容易造成表平面泛黄,在表平面刮涂仿瓷前,必须要等待填缝剂完全干透后,先将泛黄处打磨干净,才可刮涂仿瓷,防止泛黄色彩影响到表面色差,妨碍到视觉成效,一般需要多次刮涂。每刮涂一次干透后打磨平整,再刮涂一次,直至填缝剂泛黄不再影响到仿瓷色泽,在打磨平整光滑好,再刷涂表面涂料,实现修复目的。

对于涂饰表面的修补,要依据不同情况进行针对性的工艺和工序。例如,针对深色木质表面出现一些刮痕,要依据不同色泽调配出相适应的色彩进行修补。像粟色表面,可利用剩余的咖啡渣子,对着刮痕多擦拭几下,每擦拭一次要待干透后进行,最后使用干净的湿软布擦拭干净,即可将刮痕处理好。木制的表面漆,在使用到一定时间后,色泽会显得暗淡和陈旧无光泽,不妨泡上一壶浓茶,待稍凉后,用干净的软布浸渍,给予表面进行擦拭,在做了 1～2 次擦拭后,木质表面会呈现出光亮如新的效果,使得整个表面重新有一个光彩夺目的感觉。

同样,对于涂饰的墙面,要经常清除灰尘,能保持如新的感觉。假若沾污上轻浮的色彩,像铅笔印记、污垢和尘埃等,使用干净的软布浸入清水中拧干,轻轻地擦拭,便能清除掉。如图 7-2 所示。

图 7-2 房屋装饰持新必须修复装饰损坏

三、变换配饰风格

要使二手房屋装饰做到长时间的新鲜感觉,充分地利用变换配饰风格方法,不失为一种好作为。任何房屋装饰都离不开配饰。没有配饰,会显得空洞和简陋,不能给予装饰成效增光添彩,更不利于装饰持新效果,要想方设法把配饰做出新颖成效来。

装饰配饰是依据业主生活习惯和情趣进行的。如果固守一种老式样和无变化,久而久之,就有可能让业主产生出陈旧无情趣感觉,很不利于装饰持新性,还容易出现厌倦情绪,在很短时间内,对二手房屋装饰兴趣大打折扣,满意程度也会随之降低下来。

为防止和避免这种情况出现,需要善于应用变换配饰风格,必定能收到好的成效。一方面是做好家居配饰,指在二手房屋装饰后,利用那些易变换、易变动和易配置的饰物和家具,对居室内进行二度陈设布置。家居配饰作为可移动装饰,更能体现业主的气质、品位和情趣,营造出家居氛围的点睛之笔,打破传统的装饰界限,成为一种装饰新理念。对于加强室内装饰成效起到增光添彩作用,增进居住环境格局品位,陶冶情操,移情助兴。一般情况下,家具配置是依据业主意愿和居室空间作出安排的,有贴墙面一字式排开。家具排开成一排摆放,既方便,又节省空间,还显整齐。不过,以一种样式摆放时间长了,就令业主产生出无新意感来。如果能经常性变换摆放位置,特别是利用摆放家具强调功能区,把一间居室分为安静区和活动区,会给业主有一个新意感,必然会提升装饰房屋使用兴趣。另一方面显示居家配饰成效的是充分应用布艺饰物和壁挂饰物变换做法,也能获得良好新装饰风格的作用。例如,在配饰窗帘物件时,就应当有意识地做成互换型的,在使用中,经常地利用不同种类和花样进行变换,就能造成不同居室有着不同感觉,提升装饰装修长时间的情趣品味。

作为布艺饰物的床上用品和沙发外罩等饰物,在居室配饰中占有较大比重,起着充实装饰风格的重要作用。通常状态下,业主及其家人喜欢把床上用品和沙发外罩同窗帘等色彩及图案相协调进行配置,以实现整洁和谐的成效。由于人天生具有爱新鲜,喜新意,好新奇的本性,为提升业主对装饰装修长时间兴趣,也不妨经常性做些互换,给予窗帘做不同居室的互换,也给予客厅和书房沙发外罩进行互换,床上用饰物不断变换配饰式样,必然给予业主及其家人有着经常性的新颖感觉的。

同样,对于壁挂饰物,业主是按照个人的欣赏习惯悬挂,以展现自身情趣和喜爱。如果长时间不做变换,或者选择突出光源不变动,会给予情趣大打折扣。例如,给予悬挂画中光源来自左边,为改换视觉新奇效果,不妨将人造光源改成从上面,或者右边角度照射过来,打破以往的固有光照做法,必定会收到意想不到的兴趣感,给予装饰装修持新创造些条件。

还有在装饰装修竣工后,业主比较青睐于绿色环保,喜欢在居室中摆放几盆绿色植物。不但在客厅、书房、走廊、阳台和餐厅里摆放,还有在卧室里摆放的,以求给予居室带来一股自然清新气息,提升装饰居住和使用品位。为增强装饰装修长期性情趣和环保健康兴趣,也不妨经常地将不同居室植物进行变换摆放,既可调节居室内气息,又可使视觉上有一种新鲜,也会给业主及其家人一个清新和兴趣感,从而提高对装饰装修成效的长时间新鲜、新奇和新意味的。如图 7-3所示。

图 7-3　房屋装饰持新必须变换配饰风格

四、增添科技新品

增添科技新品，是二手房屋装饰持续保新感觉，不可或缺的重要条件。虽然，在二手房屋装饰竣工后，业主新置和应用了新的科技产品。然而，随着日新月异变化的装饰市场，科技新产品像雨后春笋般地涌现出来，为使装饰居室能适应新要求，保持居家新品位，高档次和高效能，让业主及其家人长时间对居住和使用新装饰房屋保持情趣和喜爱，还需要不断地增添科技新用品，也不失为一种好做法。

从业主居家标准要求，增添的科技新用品配饰客厅、餐厅、卧室、厨房、书房和卫生间等，在使用上提高新情趣和新喜爱显得很必要。尤其是厨房采用科技新品比较多。并且更新换代快。像如今普遍应用的科技新产品有微波炉、烤箱、消毒柜、洗碗机和智能橱柜等，以及新型功能电子灶等多样新科技产品。随着科学技术的发展，会有着更多智能型厨房新用品投入到家庭中来，作为业主及其家人必然会有很大兴趣，依据自身需要增添新用品，给予装饰使用持新提升品位。现代装饰的厨卫环境是很讲究的，以整体厨柜和整体卫浴组成，给予改善居家条件起到相当重要作用。还有居家采用中央空调系统自动控制室温和湿度，家电设施应用智能控制和远程控制，对于提高居住使用提升品质和品位创造了条件。例如，对灯光照明进行场景设置和远程控制，电器自动控制和远程控制等。在今后的居家生活中，智能应用产品必然会成为主流要求。尤其是居家智能安全防护系统，更是提升装饰持新的重要组成部分，对居家进行安全监控，进入家庭实施"一卡通"，通过触摸、无线遥控器，或者语言识别控制、门磁开关、烟雾检测报警、燃气泄露报警、碎破探测报警和红外微波探测报警等，可实现家庭安全保障。还有实施

167

居家智能通风窗进行自动关闭开启,尤其是下雨下雪天也可自动关闭,以此实现居家的实用、安全、便利和舒适性,为装饰持新向着高水平提升带来便利。

在现代和将来的居家生活中,还会有着更多更好的智能科技新用品,广泛应用于各个方面,像太阳能新兴装置越来越得到居家应用。这是一种新兴的可再生能源。广义上的太阳能是地球上许多能量的来源,如风能、化学能和水的势能等。现代的太阳热能科技将阳光聚合,运用其能量产生热水、蒸气和电力。还可作为建筑物利用光能和热能。目前应用于房屋装饰家庭最多的是太阳能收集装置有平板型集热器、真空管集热器和聚焦集热器等。太阳能热比较燃气热水器和电力热水器要安全和节约能源。今后作为太阳能发展进入居家生活中,除了太阳能热水器、太阳能蒸馏器和太阳房以外,还会有着低温太阳能空调制冷系统,太阳能温室;中温利用有太阳灶;高温利用有高温太阳炉等科技新用品,给予居家生活更多方便、实用、安全和舒服的感觉,是非常有利于装饰持新使用的。

应用增添科技新用品的做法,显然有利于二手房屋装饰保持新意作用的。不但有利于业主及其家人生活质量的提升,而且有利于二手房屋装饰兴趣提高。本来,一台电器,或者一盏灯饰,由开关控制已很不错了,如今应用科技新用品来遥控,比较手动开关要省心、省力和方便多了,操作遥控器,便可控制多种电器,或者多盏灯饰,还可根据需要调整灯饰亮度,变化多样色彩,满足设定的条件时,能自动开启预先设定的设施。对于安全防护系统方面,使用智能设施监控家庭的安全状态,设置紧急按钮,每当家庭居室中灯光闪烁或者长明,便会启动报警装置,向业主及其家人,或者物业管理安防人员发出警报,大大提高了安全防护反应速度,减少家庭财产损失和增加了人身安全保护。由此清晰可见,充分地应用增添科学技术新用品的方法,对提升装饰房屋的持续新意,提高业主及其家人的居住和使用情趣,无疑有着非常大的吸引力,更有利于装饰装修持新时间的延伸。如图 7-4 所示。

图 7-4　房屋装饰持新必须增添科技新品

第二节 二手房装饰家具维新窍门

要保持二手房屋装饰的良好感觉给予装饰家具,或者购买家具,长时间显示出光亮如新的成效,占有很重要的作用。任何房屋装饰,除了居室空间不发生损坏和变形外,便是装饰家具形态保持好的色泽和不发生变旧印象,需要色泽鲜亮,整洁似新,形态适时,式样新颖,展现清新气息,才能给予装饰持新造成基本条件。为使装饰装修获得持续崭新成效,必须保养家具特色常新,要从失泽家具做好保养、损坏家具修复如初、不适家具及时更换和摆放家具常有变化等方面做出业绩,必定能收到如愿效果。

一、失泽家具做好保养

家具在二手房屋装饰持新中,占有很重要的地位,必须保持好的状况,不能出现表面脏乱、脱漆和失泽等问题。由于装饰家具种类很多,有木制、皮革和织物的,以及其他材料做成的等。使用中难免会出现多种污损问题。针对污损家具,必须做有针对性保养,才有可能为装饰持新带来有利作用。

针对木制材的伤痕和污点,可分别不同情况,采用有效方法见成效。如果木制家具表面出现烫伤白色斑点,或者脏水污渍点,先可用清洁剂进行清除,如果不行,便使用打火机油进行擦拭,如果还不行,就依据装饰家具表面层的色泽,应用香烟灰和柠檬汁擦拭。仍没有擦拭掉,再试用轻汽油擦拭。擦拭中选用干净细软柔布擦拭干净表面,清除污渍保持家具色泽。

如果是针对不同色泽的褪色状态,可用同样色彩的油画色彩的油画颜料给予补新。每当配好色泽后,用手指在失泽部位尽可能地摸上薄薄的一层,等待干燥后,打磨光滑,喷上二、三遍油画清漆,以保持表面色泽均匀。然后,再用钢棉砂纸打磨好上蜡。

假若是清除浅表面的墨水或者其他污点,可先用钢棉砂纸轻轻擦拭污点部位。擦拭失泽部位应先要做点实验,看是否合适,不要损伤到木质表面。做这种保养和修复,最好请专门修理人员来做,不要自己轻易做为好。

同样是针对擦伤的木质表面,不需要重新油漆,只要在损伤部位周围刷上松节油就可以了。松节油可使罩面漆稀释后,流入擦伤部位或者擦伤的缝隙内,硬化后便能修复。在现有的家具漆面上,普遍存在细小裂纹,针对这样的损伤,先用刷子蘸肥皂水,或者其他清洁剂洗刷干净损伤面,待水分干燥后,再涂刷由 2 组份松节油、多组份清漆,以及 4 组份亚麻仁油组成的混合溶剂,处理干净表面。等待干燥后,看裂纹是否消失。假若没有消失,再重复做一遍,直到裂纹消失为止。

像深色家具,在使用时不小心出现刮痕,可应用咖啡渣在刮痕部位进行涂擦,并依据不同刮痕,做多次涂擦。每次涂擦必须等待干燥后,再使用干净湿柔布擦拭干净,刮痕经过处理,一般不会醒目。

如今,不少家具面为人造大理石材质的。假若出现污渍,使表面失去光泽,可应用自制的过氧化氢和太白粉混合灰浆进行去污渍。先将表面清理干净,再把灰浆抹在污渍上,再另加几滴家用氨水,并用塑料薄膜覆盖,使其保持潮湿。涂抹的灰浆在表面污渍处覆盖几分钟后再清除,便可以使污渍不复存在,让大理石面清洁如新。

清除皮革家具表面的油污和脏物,经常使用清洁剂擦拭,或者喷蜡,在清理干净后,用软柔布,或者海绵涂抹蜡,再用柔软的干净软布轻轻地摩擦。偶尔使用鞋油打光。针对污渍,使用中性洗涤剂擦洗,再用干净柔布擦拭干,便可以对皮革家具表面做好保养,保持清新状态。

还有是针对织物家具的表面保养,必须根据织物的不同种类确定保养方式。通常情况下,化纤和棉布类需要用水清洗,其余大多数织物需要干洗,不能用水清洗。假若发生了污渍,要针对不同织物和受污渍的不同程度,采用有针对性的做法,才能达到保养目的。例如,化纤和棉布受到茶水、咖啡和牛奶等饮料的污害,先用干净柔布擦干后,接着用水和硼酸的溶液进行搓洗和漂洗;如果是干洗织物,必须在擦拭污渍后,使用毛巾浸湿去污剂进行擦拭。假若织物上沾上血渍或者蛋渍,可洗的织物,立即用清水搓洗和漂洗;白色织物可在水中滴上几滴氨水浸漂洗;只能干洗的织物,先用一杯冷水中滴入 1~2 滴氨水进行搓洗,如果污渍未去除,再以淀粉用凉水调成糊状,涂在污渍上,待干燥后,使用干刷子刷去,便可清除污渍。织物沾上墨水,可洗织物,立即用海绵蘸洗净剂和肥皂水擦拭,白布和亚麻布则用柠檬汁和盐水浸泡 1 小时后再搓洗。假若是沾污上圆珠笔油,先在沾污面上用浸有酒精的布覆盖以吸收笔油,然后,再用洗净剂和肥皂水搓洗。只能干洗的织物,先用海绵蘸洗净剂和肥皂水擦拭完后,再进行干洗。白色的使用柠檬汁和盐水擦拭干净,再干洗。

如果是织物出现霉斑,可洗织物,使用柠檬汁涂在斑点上,让其干燥,再进行搓洗。只能干洗织物,先用柠檬汁润湿,喷上盐水干燥后,再轻轻地使用海绵擦拭去除霉斑。

织物沾上油漆,可洗织物,先抹上松节油后进行搓洗,或者抹上指甲油清洗剂,或者丙酮(不可抹在合成纤维织物上)进行搓洗。干洗织物,也是抹上松节油进行擦拭,却不能搓洗。

针对浴室内家具,可针对不同材质采用不同保养方法,能保持好的成效。如果是木质的浴室柜,在柜体底部采用做金属支腿,便能解决木质腿吸潮变形问题。同时,对柜体采用防水板,耐磨板和高分子聚合物等复合板型材,做成柜面和柜体,不但有良好的防潮性能,还显得美观漂亮和耐看,提高家具的使用寿命。如图 7-5 所示。

图 7-5 失泽家具及时做好保养

二、损坏家具修复如初

由于各种原因,家具使用会出现损坏现象,必须给予修复。修复家具,心里舒坦,使用起来感觉好多了,有利于装饰装修持久使用兴趣的提高。不过,家具损坏应根据不同情况,不同材质和不同档次,做不同修理,才能达到修复好用的目标。

针对家具碰坏和开裂饰面板,必须及时给予修复。一般情况下,针对实木家具表面出现裂纹,或者损伤修理时,必先将裂纹,或者损伤部位清理干净,并用清洁剂或者松节油、汽油等清洗干净,清除表面的污渍油垢,对于深裂纹采用腻子填入裂缝内,损伤部位也可用腻子填补平整,深裂纹可能要做多次才能填补平整,在填补腻子表面,需要使用干颜料调至成合适的色彩,抹在腻子上。待腻子干透后,应用砂布和毡布打磨和研磨平整光滑表面,最后刷上透明清漆便可以了。

如果是损坏面积较大的硬质实用木质家具表面,先得应用同样色泽的同类材料进行修补。现在实用木质家具大多做透明涂饰表面,对于材料色彩要求很高,必须为同类色彩的才显得不存在色差太多现象。假若不是透明涂饰表面,则只要选用同类材料,在色泽上不必是相同的,只要在做涂饰时把握好同样色彩便可以。修补时,应当采用样板修补法,可同损坏的表面锯割出相同图形,做出的修补能达到表面隐而不显的效果。假若是多边形,尽可能地按照木质纹理来做,修补完工后,不会显现出太大修补痕迹。针对擦伤或者磨损表面,可采用填补腻子和涂饰面漆的做法,便能修理好。修理松脱的贴面,先用湿布覆盖住松脱的面,再在湿布上放上一个热熨斗,促使湿气进入贴面内,贴面受湿气后提高韧性便于修理。接着将脱开面下面的旧胶刮干净,同样将基层面的旧胶也清理干净,然后在清理干净的两个贴面刮上一层新胶,胶合在一起时,使用夹子固定胶合部位。如果是平面的胶合,可在面上平衡压平压实,不能少于 24 小时。使用夹子固定重胶部位时,必须在夹头和胶合板面上垫上一块硬木板,不可直接夹在胶粘面板上,以防夹力不均,影响到胶合质量。

修理胶合贴面的起鼓部位,应当在起鼓贴面上铺一块湿布,先用一把尖刀将起鼓内的气泡切开消除,接着从切开口向内灌入新胶,再将贴面压回原处,并在其面上压实压平。如果需要使用夹子紧固,则在之间垫上一块硬木板进行夹实,等待 24 小时后再松开,便可胶合好。对于起鼓重新胶合的旧胶处理,一般采用直接清理干净做法。假若不能直接清理,则应用在切口处灌入热水,促使旧胶溶化,再尽可能地清除旧胶,再灌入新胶胶合起鼓部位,实现修复目的。

针对贵重家具的修理,其容易发生损坏部位是横挡松动,桌椅扶手,或者腿部断裂,弯腿家具支腿耳承脱落等,给予贵重家具使用带来诸多不便,必须给予损坏修复,以保障使用方便。

木质椅子横挡发生松动,要用不同结合做法进行修复。椅子横挡分出榫、内榫的固定方法。出榫的横挡,可采用从出榫部位打入倒楔子和从中部直接拧入小螺钉方式固定榫头。内榫横挡,先沿着横挡端部和底面开一条深槽,从底部塞入一榫舌,并在榫舌底部拧入一个螺钉。将横挡在榫眼旁,夹住螺钉头,把榫舌向前移动,榫舌后部的楔子能将榫舌楔紧,再拆下螺钉便可以解决横挡松动问题。如果不放心楔紧做法,还可辅以从打楔处和松动处灌入紧固胶,加强紧固力量。

如果是家具腿部断裂,其修理方法是,前腿断裂,采用斜缝连接比较直缝连接更好。先将断裂部位胶粘好,再用螺钉加强接缝强度。螺钉采用埋头锥孔,把螺钉埋入孔内,然后使用腻子填住钉头,再依据家具腿的色泽,将填孔染上同类色即可。假若是弯曲的后腿断裂。在修理时,接缝是顺着纹理方向先用胶粘好,再顺纹理钻孔埋入螺钉,螺钉必须拧紧,产生紧固强度。螺钉孔面用腻子填满表面,染上或者涂上同家具腿一样色泽即可。

假如是针对圆柱形家具腿断裂,同样可以修复。所谓圆柱形腿,通常是使用木车床旋削加工出来的,属于仿古式家具。这类家具腿断裂部位靠近顶部,可采用暗榫连接。先将断裂腿用胶粘结在一起,等待粘结干透牢固后,再在原断开部位的下面,即在旋削圆形不显眼处,将腿锯断,在锯断处中心钻一个孔,装上一根中心轴,找准另外锯断处中心再钻一个孔,为两锯断中心孔中间插上一根连接棒,用胶粘牢固,连接棒深入断裂部位,致使断裂部位能承重,还不容易看到修复部位。假若圆柱型腿在中间部位劈裂开,成为斜式状态时,同样可采用连接棒方法修复。先将裂开的腿分成两部分,接着在两边断裂面上涂上胶黏剂,将两部分拼接在一起,致使断裂面先行黏结好后,再在腿部接触地面中心处钻一深孔,将一根合适的连接棒从底部一直插入至腿断裂上部。插入时,先将孔内灌入胶黏剂,也将圆棒上涂满胶黏剂,致使连接棒同圆柱腿黏结牢固,待胶干透后,便可使用。为保护地面不被硬质木腿碰坏,最好在底面接触地面的部位粘上一块软胶皮为佳。

还有是针对弯腿桌子,或者茶几的承耳同框架断开。如果是使用胶黏剂连接的,要注意先铲干净断开部位的旧胶,在原部位涂上新胶黏结牢固便可。假若是使用暗榫连接的,要注意将暗榫连接牢固,再辅以胶黏剂加强连接。然后,钻上多个埋头孔,从孔内拧入埋头螺钉同框架紧固在一起,将螺钉孔内注入胶黏剂,待干透后,用腻子填平孔洞,既可保证桌子或者茶几的使用质量,又可使接缝修复如初不见痕迹,保障美观效果。如图 7-6 所示。

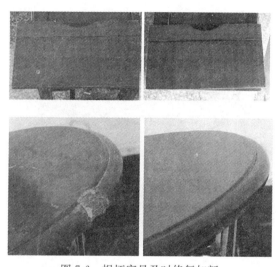

图 7-6　损坏家具及时修复如新

三、不适家具及时更换

不适家具及时更换,对于二手房屋装饰保持新颖成效同样是不可缺少的做法。所谓不适家具,一方面是家具质量不是太好,发生大的变形和破裂,不能再顺利和安全使用;另一方面是业主对家具式样喜爱发生变化,觉得使用的款式有些厌倦。每当出现这样的状况后,便可选择直接更换。

更换不适家具,需要做全面性权衡。因为,业主对于家具"新"和"美"的感觉,受着个人认识局限,或者是受潮流影响,或者是为赶时髦做的选择,往往经不起时间考验。美和新,既有区别,又有共同处。区别在于感觉到"新"的,不一定

"美";"美"的不见得是"新"的。美,由形状、色彩和体量等要素组合成的。家具的美在于色彩夺目,或者纹理清晰漂亮;形状适中,适宜装饰空间使用,给予视觉舒服流畅;体形构造美观,令人有一种得体有序,静中有动,动中有静,动而不乱,静而不杂之感,是"美"的感觉。新,体现新式样、新造型和新色彩,给业主及其家人新感觉。这样的"新",必须经得起时间检验,适合实用要求,让业主有情趣,很喜爱,能为装饰持新增光添彩。

至于,针对家具质量不好,在很短时间内出现严重变形、破损和断裂等问题,除了贵重家具,能做修理和修复外,一般的选择更换为好。尤其是针对板式家具,由于各种原因出现翘曲,或者裂纹,虽然能给予修理,价值作用并不大,况且从式样上有些过时,色彩上有些陈旧,不利于装饰持续成效增强,反而在使用上带来这样或者那样的不方便,视觉上也感到有些不舒服,不如更换新式样、新造型和新色彩的新式家具,花费也不是太多,能给予装饰持新增添新颖性、新情趣和新感觉,对业主及其家人实在是一件好事件。如图 7-7 所示。

图 7-7　不适家具给予及时更换

四、摆放家具常有变化

按照常规,在二手房屋装饰完工之后,业主会按照自己意愿把家具有条不紊地摆放好,以表达自己心里的满足。久而久之,对于一种长时间没有变化的家具摆放样式,或许可以为常,没有多少感觉,或许由此产生出一种陈旧无新意之感,很不利于装饰成效持续发挥,出现厌倦情绪,从而会连累到装饰持新情趣的延伸。

针对业主的实际情况和居室空间条件,有的放矢地给予家具摆放常有变化。假若在装饰竣工时,按照谋划设计要求摆放家具分别出活动区和休息区,明亮区和安静区等,在经过一段时间实践后,不很适合个人生活习惯和生理适应要求,便毫不犹豫地进行方向性和功能性改变摆放,以更适合于业主生活质量提升和居住环境的改善。如果在开始时，是依据居室空间大小，将衣柜、沙发和茶几等家具摆放和墙的一角，或者靠一面墙的中间，或者是中间摆放一件，其余围着摆放，使用起来不如人意，便按照另外一种方式作改变性摆放，一方面既可达到功能使用要求，保证不出差错，另一方面又能给予业主及其家人一个新鲜感觉，提高居住和使用兴趣，从而提升装饰使用成效。

同样，对于装饰后期配饰物摆放，大多是按照业主情趣和欣赏习惯摆放，时间长了，就不会注意饰物部位，就有可能扩大到对装饰持新趣味的障碍，不利于业主生活质量提升的持久性。于是，便有意识地将这些熟悉的配饰物摆放或者悬挂进行变化。仅以布艺窗帘为例，经常地将卧室、书房和客厅，以及活动房的窗帘、相互更换着悬挂，将主卧室窗帘改挂到客厅里，书房窗帘改挂到主卧室，客厅窗帘改挂到书房等，必定能使居室气氛发生很有情趣变化，给业主及其家人增加点新鲜感，以此提高观赏效果，增强装饰持新的延伸。如图 7-8 所示。

图 7-8　摆放家具应当常有变化

第三节　二手房装饰灯饰焕新窍门

在现时二手房屋装饰中，不少业主对于灯饰在装饰持新中的作用，没有引起太大的重视，甚至还看不到灯饰给予装饰持新带来焕新意想不到的成效，实在值得弥补这一不足。灯饰在居室里不但起着照明作用，而且还有着调节色彩，改变氛围，凸显造型和增强情趣等作用，只要善于把握住时常更换灯饰色彩、不时增添灯具数量和发掘灯饰潜在效能等，是完全可以实现灯饰焕新目标，为增强二手房屋装饰持新长久性发挥特殊作用。

一、时常更换灯饰色彩

从现有的二手房屋装饰选用灯具，不仅注重节能提效选择品种，而且从调节色彩效果上选用灯饰,完全可以达到业主满意要求。如何针对装饰持新目标,以及业主对灯饰色彩的感觉,应用灯饰色彩变化,实现装饰居室情趣提升和延伸,倒是值得关注,做出业绩,给予装饰持新奉献特殊作用,显得很重要了。

从表面上看,更换灯饰色彩并不难,只要业主喜爱和有着浓厚的兴趣,时常更换着各种色彩的灯具,便可实现调节居室色彩的目的。然而,实践中出现的成效,不能完全如人愿,必须针对不同情况、不同环境和不同要求,善于运用灯饰色彩,方能达到预期的结果。例如,按照常规,餐厅是个公共活动区域,业主及其家人进餐和款待宾客区域,其装饰的灯饰有顶灯、吊灯、壁灯、或者筒灯等,其灯饰色彩大多选用黄色系列,以适应就餐氛围,起着提高食欲作用。如果长年累月,天天都是这样的色彩情调,没有任何变化,不但同客厅里灯饰相互辉映的成效,让业主及其家人淡化去了,而且给予业主不是增进食欲,却要减少食欲了。原因在于长期习惯中,没有了影响,还会存在季节性的不适应。如在炎热的夏季里,将餐厅里的主灯饰光进行适当的变化,调节成淡绿色,客厅里的主饰灯更换成橙色,必然会让业主及其家人有了一种安静恬爽的感觉,对装饰变化感受,会明显地提升了几分情趣。在夏季里,淡绿色能营造出镇静安神,降低心里压力的作用,比较黄色和白色灯饰营造的氛围多了不少的新鲜感,给予业主及其家人心理上多了几分舒适感,将夏季里炎热气候造成的疲劳、消极和烦燥感一扫而去。在这种餐厅氛围里就餐,必然会有了好心情,有利于增进业主及其家人身心健康。

同样,客厅里由原来强烈的白色灯饰光,一下子更换成温和的橙色灯饰光,使人在变化的灯饰光线下,增添了几分轻松自信的感觉。如果是在暴热高温下,也将客厅灯饰光更换成淡绿色,又必然会使客厅内呈现出安静清爽的感觉,致使暴热高温从心里降了几度。在这样的色彩调节下,舒服感觉会随着灯饰光的更换常伴于业主及其家人。假若到了冬季寒冷气温时,将餐厅灯饰光更换成橙色,客厅灯饰光更换成白炽色的,居室里便会呈现出温暖温馨的氛围来,犹如阳光照射到业主及其家人身上一般,立即会感到暖洋洋,使室内外氛围出现强烈反差,从室外走进室内的心情会发生明显变化,从而感觉到灯饰光为装饰持新带来的优越性。

为提升装饰持新情趣,无论是房屋装饰的公共活动区域,还是私密休息区域,或者是走廊、玄关和书房里,或者是卧室和活动室,针对不同季节,或者根据节假日,要营造气氛和个人情趣,可有意识地更换灯饰色彩,对于调节业主及其家人心情,感慨装饰新颖成果,都起着重要作用。尤其是随着季节变化,给予灯饰光色彩进行及时更换,给予业主及家人的感觉是大不同的。在春、夏和秋季里,室外光线大多强烈,居室内灯饰光采用温馨做法,以淡蓝色、淡绿色、橙色和粉红色为主,给予装饰的居室是温馨和谐感觉。冬季里,则根据室外光线呈灰色或者冷色状态时,居室内的灯饰光色彩以白色和黄色及红色为主,以加强室内温和成效。

不过,更换灯饰光色彩,需要依据各居室不同用途,把握好调节成效,切不可千篇一律,必须分出主次和不同情况,做出妥善变化。同时,灯饰光色彩变化,还应当注意到同装饰色彩相协调。这种协调,既要注意到外表,又要注意业主情趣和喜爱。任何做灯饰光色彩变化,都要适合业主及其家人的心里感觉,不管是丰富造型,营造氛围,还是改变环境,强调重点,都必须是围绕业主及其家人需求,才能发挥灯饰光作用,给装饰持新带来无穷无尽的潜能效果。如图7-9所示。

图7-9 时常更换灯饰光色彩

二、不时增添灯具数量

不时增添灯具数量和时常更换灯饰光色彩,对于装饰持新成效有着异曲同工的用途,却又给予时常更换灯饰光色彩增添充足的条件。同时,还能创造出更多的机会和丰富内容,将灯饰光色彩做到淋漓尽致,发挥出更大效果,给予二手房屋装饰持新增辉,让业主及其家人尽享乐趣。

为能实现灯饰光丰富多彩的目的,在装饰固有灯饰数量上,以时常更换灯具方式达到灯饰光色彩多变的要求,还是有限的,不能完全达到灯饰光丰富多彩的要求。为此,在做二手房屋装饰时,应当谋划设计到丰富灯饰光内容和临时性使用灯饰的状况,在各个居室里预留有足够的插孔。像客厅为满足各种电器使用插孔处,还要有预留临时性用灯的插座。一般情况下,客厅不得少于10个5孔电源插座;卧室不得少于8个5孔电源插座;书房不得少于6个5孔电源插座;厨房不得少于8个5孔电源插座;卫生间不得少于4个5孔电源插座,有的还要有防水漏电保护装置的。尤其是客厅的灯饰是整个房屋装饰"点睛"之处用途的区域,大面积客厅的灯饰,不仅要显得大气势点,而且要配合整体装饰风格,发挥

177

灯饰营造氛围和突出特色的作用。每当客厅需要增强装饰持新成效时,必须增添灯饰数量和变换灯饰光色彩,以此来发挥灯饰光针对不同装饰特色和不同用途的作用。通常状态下,客厅是选配庄重、明亮的吊灯,或者吸顶灯,呈现装饰风格特色,并配以多种多样的灯饰进行配套点缀。尤其是依据需要善于增加灯具来丰富客厅装饰成效。例如,在客厅沙发旁边增添一盏立灯,或者在沙发旁的茶几上增加一盏色彩亮丽的座灯等。如果需要改变氛围和营造气势,在客厅四周空间增添多盏各式灯饰,同中间顶部的主灯相映成趣,各显其长,各展风彩。假若业主有情趣和喜爱,可给予整个墙面做成灯饰墙,用一串串小小灯饰,组成一个灯饰光墙面,为装饰增添新颖感和时代感而脱颖突出,给业主及其家人增添几分热闹气氛,为装饰持新创造有利条件。

同样,以增添灯具数量的做法,运用灯饰光调节空间。每当进入寒冷的冬季,身处宽敞空荡的客厅和餐厅通透的空间里,有着空落落无处藏身的感触时,如果能利用临时性灯饰光直射到人的身上,会有着空间倾刻变小的感觉,较大的空间在强烈灯饰光的调节下,会变得实在而又亲近,寒冷也会随着驱散不少,身处其境地者,必然会对装饰持新有着新感受的。

以增添灯具数量的做法,还可为二手房屋装饰持新带来更多的惊喜。例如,应用增添的灯具调节居室环境,给予居住品位增光不少。不过,应用灯饰光调节环境并不容易,不能一就而蹴,需要人为的创造条件和做好谋划设计,故而有人造环境之说,对于增强装饰持新还是很有作用的。运用灯饰光营造人为环境,大多是以大自然为样本,采用借景方式,很见成效,对增强房屋装饰保持长时间新意成效,其作用是不可估量的。如图 7-10 所示。

图 7-10　不时增添灯具数量

三、发掘灯饰潜在效能

灯饰在装饰持新上的作用,会随着灯具生产的发展不断扩大,充分发挥灯饰给予二手房屋装饰保持长时间良好状态,不过时,更时尚和更精彩,带给装饰的情趣成效,令业主及其家人更喜爱,从而造成装饰"青春永驻"的有效性。除了应用灯饰光营造氛围突出重区,丰富形式、调节空间和增添活力多变外,还应当从多方面、多形式和多成效地获得最佳效果,并需要从"活"字上做出新意,充分地发掘灯饰潜在效能。

从"活"字上做出新意,需要适应不断变化的情况,适应形势发展,给变幻的灯饰留有余地。先从二手房屋装饰谋划设计时,就要做好准备,打下坚实基础,确保用电安全和灯饰光色彩,以及照明使用中不出问题。接着依据灯饰发展和装饰装修行业进展趋势,不局限于灯饰固有的用途,在进行二手房屋装饰运用电气化和智能型的普及推广,以及提升中,把握好活动性和流动性相结合的灯饰色彩和亮度要求,将固有的灯饰部位、色彩、亮度到空调专用、电脑专用、厨房专用和卫生间专用等,以及电器电源插座专用有所突破,不仅仅要满足灯饰使用功能性、实用性和成效性诸方面的要求,还要适应发展趋势的需求,做出更科学、更智能和更时尚,能发掘出灯饰潜在效能。

从现有二手房屋装饰持新上,发掘灯饰潜在效能起着很重要的作用,也尝到不少的甜头。不但在使用强电灯饰光和电器上,使得房屋居室的客厅、餐厅、书房、卧室、厨房和走廊,以及玄关、阳台、卫生间,按照装饰谋划设计和业主的意愿,既做到有足够固定灯饰装配,又在活动的预留插孔上,保证灯具用途的足够数量。在位置布局上,也做得充分和周全,既在墙面上按照装饰工艺和技术要求做好安全装配,还在居室地面和顶面适当位置装配地插座和顶插座,使得活动性用灯饰和固定性用灯饰光色彩及亮度,得到相互协调和补充,相辅相成,相得益彰,并将使用功能做到相应扩展,给予业主及其家人使用起来,深切感受到灯饰多样性和多层性功能,不仅保证了使用安全和需求,还给予装饰持新创造出更多延伸的机遇。

发掘灯饰潜在效能,还应当适应灯饰生产发展的要求,从适应电气化和智能化普及居家生活目标入手,注意到强、弱电线路的布局合理和充足性,不能发生混乱和漏项,如电话线、网络线、有线电视和强电线路等,做到明确区分,严格按照国家颁发的相关标准和规定进行装配,不能出现相互干扰和出现不安全因素。即使是强电线路的插座和弱电线路的插座,也必须按照规定标准装配,既能为发掘灯饰潜在效能打下好基础,又能为二手房屋装饰持新创造便利条件。

虽然,从现有二手房屋装饰发掘灯饰潜在效能,给予装饰持新创造便利条件做得不很普通和广泛,但只要能坚持着做,还能随着灯饰生产进展和业主对灯饰作用认识日益深入,就有可能给予灯饰潜在效能得到更多更好地发掘,从而促使二手房屋装饰品质和品位成效更深层次和真正意义上体现出来,让业主及其家人得到更好更多居住生活高规格和高品位的享受。如图 7-11 所示。

图 7-11　发掘灯饰更多潜在效能

第四节　二手房装饰"余地"创新窍门

如今的二手房屋装饰大多主张越简洁越能给持新打基础,实施留有"余地"方式,更是为装饰的房屋保持时尚,跟上现代居住生活趋势,保持良好成效,让业主紧跟变化的装饰新风格,获得新情趣,引发新兴趣,做活新装饰闯出新路子创立必要的条件。

一、应用"余地"协调功能缺陷

做二手房屋装饰,实施留有"余地"方式,好比书法家书写一幅作品那样,需要讲究留有空间的布局。这种方式,既是书法家为自己书写配饰留有空间,显示作品布局合情合理,实虚得体,又给予观赏者留下想像的空间。同样道理,二手房屋装饰采用留有"余地"方式,一方面是出于业主发展眼光和长远打算,确保装饰质量和特色,能保持较长时间的好成效,不轻易地让人感到是坛花一现,很快过时的短期装饰,又能为今后补充装饰新意留有足够的机会,还能为改善房屋装饰成果升级换样做点准备;另一方面是反应出装饰从业人员专业水平和艺术素养高低,以及装饰眼光的长短,是否具有很高的专业能力。

事实上,任何一套二手房屋装饰尽管装饰从业人员努力地发挥出自己的专业能力,最大可能地体现出业主的意愿,却也难免百密一疏,使得谋划设计和做出的装饰成果,经过实践检验出存在缺陷不足,在布局上经常出现活动区和休息区、行动区和安静区、公共区和私密区,或多或少不符合实用要求和理想状态,必须应用"余地"做出弥补,填补缺陷和不足,促使装饰使用功能达到实用目标,更感方便和舒适。

应用"余地"协调动静缺陷,就是在装饰竣工后,业主依据装饰谋划设计要求,布局家具摆放分别出活动区和休息区、行动区和安静区等,尤其是在公共活动区和私密休息区内,又分别出行动和安静区域,经过实践检验证明不是很符合业主使用要求,也同现实环境有出入,不很适应的状况,必须应用"余地"进行协调解决,达到实用目标,才能利于装饰持新延伸的要求。如果没有"余地"进行调整,就会让业主在使用上感到不实用,或者不符合实用成效,在很短的时间内产生出厌倦情绪,很不利于装饰持新发展。为此,不要小视了"余地"的协调作用,需要充分地利用"余地"优势,发挥其特长,将其成效运用好。如图 7-12 所示。

图 7-12 应用"余地"协调好动静缺陷

二、利用"余地"弥补功能不足

由于二手房屋面积普遍偏小,即使是将相邻的两套小房屋打通连成一体做装饰,比较"一手"商品新房屋装饰,在使用功能分配上仍然存在不足,如果能利用"余地"弥补使用功能不足,完全可以缓解这方面问题,给装饰持新创造一定的条件。

留用余地,主要是针对二手房屋业主不同情况和对装饰理解等,采用有效方法。例如,针对年青夫妇事业刚起步,经济基础还很薄弱,选购二手旧老房屋装饰是作为过渡性使用。在初始装饰上对居室使用功能情况，不是很清楚，或者要求不严格，能有着睡眠休息、就餐活动和操作电脑的基本条件就认为可以了。随着家庭情况变化，对装饰使用功能有了明确感觉，居家使用功能需要也相应增多，个人喜好和情趣也丰富起来，利用初始装饰留有的"余地"弥补使用功能不足，显得十分迫切和必要，给予"余地"完善是再好不过了。同时，对于居室使用功能进行调整和改变，或者是预计短期内自己的经济能力有了提高，便可以按照新意愿将"余地"充分地利用起来，完成装饰使用成效。不但，使得居室使用功能得到弥补和完善，而且促使房屋装饰品位得到进一步提升，居住环境加强，生活质量更上一个台阶。

作为每一套二手房屋装饰，首先谋划设计的是居室使用功能，功能越齐全越有利于居住和使用。从现有房屋装饰谋划使用功能，客厅使用功能对内为业主及其家人日常生活公共活动的空间；对外为亲友团聚，款待宾客的场所。餐厅使用功能，既是全家人日常共同进餐地方，也是宴请亲友和交谈的区域。卧室使用功能，主要用于业主及其家人睡觉休息，进行私密活动和储藏物件的区域。厨房使用功能，是业主及其家人日常生活中，烹饪和做饭的地方。还有卫浴、书房、活动房、走廊、玄关和阳台等，其各个使用功能，都不尽相同。在做装饰装修时，由于各使用功能面积大小不一，难以确定周全的使用功能。如果不依据业主的实际情况，一应俱全地将各使用功能做得齐全，结果使用起来就不如人意，不利于装饰持新的延伸。为防不利现象出现，不如在初始装饰时，针对业主实际情况留有"余地"，既符合现有装饰时尚，重装饰，轻装修，又能满足业主持新发展心意，致使装饰成果能保持长时间良好状态做好准备。

为实现利用"余地"弥补使用功能不足的要求，重要的是大胆打破固有的装饰观念的束缚，合情合理和有创意地更新各个使用功能，致使各居室使用功能多样化。尤其是针对二手房屋装饰，不能局限于通常的功能区分，尽可能地使那些一成不变的使用功能呈现出活力，给业主及其家人居住使用带来更多的方便，更显得实用。例如，本是一间很普通的居室空间，作为专有的客房功能使用，留有一半的空间从中加装一个间帘，或者摆放一个简单的隔柜，将居室使用功能分出多样型，客房使用功能不变，留出"余地"做了地面、墙面和顶面的基本装饰后，备着需要使用，既可做电脑房、活动房和学习房功能使用，又可做小孩娱乐房等，按照不同使用功能做配饰，便可以充分发挥居室空间应用功能作用。

特别是针对两小房屋打通的装饰，由于受建筑结构的约束，在初始装饰中，尽量地满足业主的基本使用功能要求，将一些不很规则和不显眼的空间，也作最简单的基础装饰，不必要确定使用功能，由业主及其家人在装饰竣工后的使用实践中，按照实际使用需求，再确定具体的使用功能，同样是利用"余地"弥补使用功能不足的一种方法。既体现出装饰从业人员,灵活运用自己专业能力,给予业主一个选用的机会,又是体现业主及其家人给予自身利用居室空间留有回旋的余地,将居室使用功能应用到最佳水平。如图 7-13 所示。

图 7-13　利用"余地"弥补功能不足

三、使用"余地"缓解潮流冲击

可以说,任何一套二手房屋装饰,都会受到潮流冲击和影响,不可避免,关键在于使每一个装饰装修,如何利用"余地"的作用,给予这种冲击和影响得到缓解,致使装饰持新能继续不停地得到延伸和进展。

给予二手房屋装饰潮流冲击和影响的,大多反映在日新月异的装饰材料的发展上,给予装饰风格带来了式样新韵味,色彩新感觉,形式很新颖,智能先进性等,让业主时刻感受到这种新潮流冲击压力和心理影响。在现行的二手房屋装饰中,业主总感到自己的装饰成效,同新装饰差距明眼里看到越来越大,从心里有着一种不满足情绪产生出来。尚且,生活要提质,装饰显时新,是人的要求,成为不可抗拒的趋势。对于有眼光和有准备的装饰从业人员,善于应用"余地"缓解潮流冲击。

使用"余地"缓解潮流冲击,就在于把握好装饰风格特色变化和新材料的运用。这是一种动态变化的潮流,是不可抗拒的发展趋势。随着社会进步,时代发展,科技提升,人民生活水平提高,装饰新材料会按照需求发生不断变化,日益符合装饰行业发展和业主的要求,显得健康环保,工艺要求简单,特色更加突出,材质更为精致。尤其是现代装饰普遍看重的"绿色环保装饰"特色,由于人造仿型材逐渐地适应这一装饰特色要求,必将成为一种主潮流,会受到每个业主追棒的。从提高居住环境和生活质量角度,凡是有利于人身健康和对环境影响最小的装饰方法和施工过程,既是行业提倡的主流目标,又是社会生活和业主的期盼。二手房屋装饰主张自然采光和通风为主,应用的材料中含有妨碍人身健康和污染性物质,必须及时排放并得到有效处理,以保障二手房屋装饰无公害,无污染,可持续和有助于业主及其家人的健康。像这一类"绿色环保装饰",在现有装饰材料和客观条件上很难达到目标,却成一种潮流在向前推进,只有到了不久的将来,也许能真正实现,为使用"余地"缓解潮流冲击带来了良好机会和"用武之地"。如图 7-14 所示。

图 7-14 使用"余地"缓解潮流冲击

四、运用"余地"营造欣喜氛围

为得到二手房屋装饰持新成效,运用"余地"营造欣喜氛围,同样是值得倡导的好作为。不失时机地运用"余地"来营造欣喜的氛围,或者是给予"余地"处增添点灯饰色彩和灯饰新花样,营造出同原风格特色完全不一样的气氛,以呈现出时尚格调,让业主及其家人从中惊喜地感受到新鲜味和新奇味;或者是给予仅做过基本装饰的"余地"空间增添点现时流行的时髦配饰,又使业主及其家人感觉到新装饰,再一次来到自己面前,其心情立刻会被激发起来,对自家房屋装饰又有着新的认识,不再是陈旧老套,而是长久的新奇和新颖。如果业主能够接受装饰从业人员的帮助和指导,充分地将"余地"运用到恰到好处,营造出多种不同欣喜氛围来。同时,还能创造性地做出一些新意,其产生的装饰新氛围又别具风味,必定会给予装饰持新成效增砖添瓦,锦上添花。

其实,经常地运用"余地"营造出欣喜的氛围,在于善用不同方法,或者应用快捷实惠的灯饰光调节;或者采用后配饰布艺直接显现;或者运用两者协调统一和不断变化间接展示,将"余地"的用途充分地发挥出来,呈现同趋势时尚相媲美的氛围。

要运用好"余地",营造出业主及其家人欣喜的氛围,一定先得把握好业主,懂得业主的情趣和喜爱,不能凭装饰从业人员的感觉和工作能力,更不能凭想当然,必须依据业主的情趣和喜爱来做。例如,业主喜欢素雅的氛围,就以白色为主的色彩营造出来;喜欢热闹的氛围,就以红色为主的色调进行营造;喜欢活泼氛围,就以淡黄,或者淡绿色为主的色调营造出来,不可以脱离实际情况,需要有针对性地营造出一个相适宜的氛围,即将"余地"作用发挥得淋漓尽致,又给予业主及其家人情趣和喜爱调节得常盛不衰,致使其在一个愉悦的心理状态下,能让自家的房屋装饰永久地处于一个持新状态中。如图 7-15 所示。

图 7-15　运用"余地"营造欣喜氛围

五、善用"余地"调节心理平衡

二手房屋装饰持新成效如何,很大程度上体现在业主的心情感受。好心情必然会给予装饰持新带来好机会,反之则会造成矛盾和诸多压力,不利于装饰持新的延伸。善用"余地"调节心理平衡,便是充分应用"余地"作用,调节出一个持新不断居室好环境,和谐居住好状态,平和心理好感觉,这样,有了一个好心情,二手房屋装饰持新会逐渐提升和持久下去。

装饰二手房屋的目的,对业主及其家人而言,就是给予房屋室内环境得到根本性改善,让自己居住和使用有个好心情。装饰二手房屋,即不是作为摆设,也不是为美丽观赏,却是要求实用,居住和使用起来得心应手,感觉舒服和舒畅,符合业主的装饰意愿。同时,企望装饰成果能经得起长时间的实践检验,不会很快失去欣赏性、情趣性和使用价值,让业主心理感觉很平衡。

不过,世间任何事物都会存在着"两面性"。由于谋划设计和组织施工,以及选材用材不当,出现装饰成效不理想的状况,装饰过满,用色过重,用材不适等,造成业主心理不平衡。善用"余地"作用对失误可进行针对性的弥补,必然会给予业主及其家人心理慰藉。例如,本可以用现有装饰手段和装饰材料,可使二手房屋装饰成效体现温馨感、亲和感和舒适感。由于偷工减料,色彩过杂,工艺粗糙,其结果为粗制滥造,视觉不舒服,业主心理难平衡,或者是初始装饰还可以,过不多长时间,就不时发生这样或那样的问题,必然会引起业主滋生出不满情绪来。假若在初始装饰谋划设计时,先有留着"余地"准备。每当发生"过时"或者业主出现厌倦情绪时,便及时地善用"余地"进行调节,必定会让业主失落的心情,随着问题解决而平复。

要使善用"余地"调节心理平衡目的得到实现,关键还在于二手房屋装饰谋划设计适宜,不能过满,有意识地留有"余地"。对于"余地"不是初始装饰时留下的"空白"。"余地"、"留白"和"空白"是有着本质上的区别。在这里对于"余地"、"留白"的含义,只作最基本的装饰,地面、墙面和顶面的装饰做得很简单,造型、亮点和重点都不做,显得平平淡淡,以便留给必要时做"补充"装饰。"空白"就不同,是空出一间居室,或者部分空间不作任何基本的装饰,属于毛坯式样,给予人的印象是装饰做得不完全,让业主心里留下不舒服的阴影,给予装饰从业人员造成操作不方便的感觉。在现有装饰装修中很少有这样做的。善用"余地"留有方式做二手房屋装饰,既能给予装饰持新埋下"伏笔"又能给予喜好追趋势,赶时尚和想舒适实用的业主及其家人心里平衡创造机会。同时,也给予装饰装修行业发展留下尝试和创新的可能,是值得倡导的一种好作为。如图7-16所示。

图7-16 善用"余地调节心理平衡"